Nicole Wehn

KEINE KOMPROMISSE

Die Kunst, du selbst zu sein und im Leben alles zu bekommen, was du willst

MONTAGS HAPPEN

Alle externen Links und QR-Codes wurden bis zum Zeitpunkt der Drucklegung dieses Buches geprüft. Etwaige spätere Änderungen kann der Verlag nicht beeinflussen. Deshalb ist die Haftung des Verlags ausgeschlossen.

Bibliografische Informationen der Deutschen Nationalbibliothek

Die Deutsche Nationalbibliothek verzeichnet diese Publikation in der Deutschen Nationalbibliografie; detaillierte bibliografische Daten sind im Internet über http://dnb.de abrufbar.

ISBN 978-3-98640-015-6

Text: Mona Schnell, Hamburg | https://monaschnell.de/
Nicole Wehn, München | https://nicolewehn.de/
Lektorat: Jana Assauer, Kürten | https://bildungsbotschaft.de/
Mona Schnell, Hamburg | https://monaschnell.de/
Nicole Wehn, München | https://nicolewehn.de/
Sarah Adamus, Ulm | https://sarahadamus.de/
Cover, Satz & Layout: Sarah Adamus, Ulm | https://sarahadamus.de/
Autorinnenfotos: Olesia Pantchenko, München | https://www.hypnophotography.com
Icons: BA Brand Atelier GmbH, Penzing | https://brandatelier.de/
Druck: bookpress.eu, Polen

https://montagshappen-verlag.de, https://montagshappen.de
https://www.facebook.com/montagshappen/
https://www.linkedin.com/company/montagshappen
https://instagram.com/montagshappen/

FÜR SOPHIE UND LOUIS

Inhalt

”

Wir fragen uns oft, ob wir Familie oder Karriere haben wollen.

Die richtige Frage lautet: Wie können wir alles haben, was wir wollen?

— Nicole Wehn

Vorwort von Tobias Beck

Seit Jahren vertrete ich die Meinung, dass mehr Frauen auf die Bühne gehören! Welche Bühne ich meine? Jede! Dieses Buch ist ein Aufruf zur Eigenständigkeit. Lasst euch nichts nehmen! Nicht fragen, warten oder anderen Platz machen. In diesem Buch tauchen wir in die Welt einer Autorin ein, die sich liebevoll, aber ohne Kompromisse nimmt, was ihr zusteht. Taff, selbstbewusst und »einfach machen« ist in ihrer Natur. Nicole kämpft gegen Stereotype an und fordert Frauen auf, sich Gehör zu verschaffen und ihre Träume zu verfolgen. Ob es um Karriere, Beziehungen oder persönliche Entfaltung im Business geht, dieses Buch ermutigt Frauen, keine Angst zu haben, aus der Reihe zu tanzen und ihre eigenen Regeln zu brechen. Sie erzählt aus eigener Erfahrung und bietet praktische Ratschläge und Inspiration, wie man dieses Ziel wirklich erreichen kann.

Dieses Buch ist zudem eine Botschaft der Solidarität zwischen Frauen und ein Aufruf zur Unterstützung anderer auf ihrem Weg. Ja, wir befinden uns in einer aufregenden Zeit voller Fortschritte und Veränderungen. Doch oft werden wir noch immer dazu gedrängt, uns anzupassen, um den Erwartungen anderer gerecht zu werden. Aber was passiert mit unserer Einzigartigkeit und unserem Selbstbewusstsein, wenn wir ständig nachgeben? Die Erfahrungen, die in diesem Buch geteilt werden, helfen jedem auf dem Weg der Selbstbestimmtheit und Individualität. Nicole zeigt, wie wir Grenzen setzen, ohne dabei Charme oder Coolness zu verlieren.

Lasst uns gemeinsam unsere Einzigartigkeit feiern und uns gegenseitig dabei unterstützen, die Welt zu verändern – ohne Kompromisse.

Tobias Beck
— Autor des
Spiegel Bestsellers Nr. 1
REHBELLION

Vorwort der Autorin

Liebe Leserin,

willkommen zu »Keine Kompromisse: Die Kunst, du selbst zu sein und im Leben alles zu bekommen, was du willst.« Ich vermute, du hältst dieses Buch nicht ganz zufällig in deinen Händen. Du willst wahrscheinlich mehr: Mehr für dich selbst, mehr für deine Karriere, mehr für die Menschen, die du liebst, und vor allem mehr von diesem einen kostbaren Leben, das dir geschenkt wurde.

Vielleicht befindest du dich gerade an einem Scheideweg, fühlst dich, möglicherweise, frustriert oder unerfüllt. Vielleicht hast du das Gefühl, ständig gegen eine unsichtbare Wand zu laufen, ohne genau zu wissen, wie du sie durchbrechen kannst. Vielleicht bist du es einfach leid, dich selbst klein zu halten und die Bedürfnisse aller anderen vor deine eigenen zu stellen. Oder, du spürst einfach, dass da draußen noch so viel mehr für dich möglich ist – mehr Freude, mehr Erfolg, mehr Erfüllung – wenn du nur wüsstest, wie du diese unsichtbaren Fesseln sprengen kannst, die dich zurückhalten.

Dann bist du hier genau richtig. Denn deine Zeit ist JETZT. Dieses Buch soll dir als Kompass dienen, als treuer Begleiter auf deiner Reise zu einem authentischen, kraftvollen Selbst. Es ist für alle geschrieben, die wissen, dass sie mehr verdienen: mehr Respekt, mehr Freiheit, und ja, auch mehr Liebe. Denn am Ende des Tages ist das Streben nach »Mehr« nicht etwa ein Zeichen von Gier oder Unzufriedenheit, sondern vielmehr ein Zeugnis deiner eigenen Lebendigkeit, deines Wunsches, das volle Potenzial dieses Lebens auszuschöpfen.

Ich bin Nicole – Unternehmerin, Ehefrau und Mutter von zwei wunderbaren Kindern. Ich habe in den USA in New York studiert, zahlreiche Fort- und Weiterbildungen absolviert und bereits jahrzehntelang internationale Erfahrung im Marketing und im Branding gesammelt. Ich habe in männerdominierten Branchen wie der Formel 1 und in Führungspositionen gearbeitet und habe den Druck erlebt, mich beweisen zu müssen. Das alles habe ich erfolgreich gemeistert und trotzdem war ich nicht zufrieden mit mir. Lange Jahre lebte ich in dem Glauben, dass es immer mehr, immer besser sein muss. Dass mein Wert von außen definiert wird und an meinem Einkommen, meinem Status, meinen Beziehungen gemessen wird. Ich habe mir immer wieder gesagt: »Wenn du dieses und jenes Ziel erreicht hast, dann bist du gut genug.« Spoiler: Bevor ich das eine Ziel erreicht hatte, war bereits das nächst höhere gesteckt und so nur wieder eine neue Bedingung dafür geschaffen, dass ich endlich ankommen kann, dass mein Privatleben mich erfüllt und mein Unternehmen mich reich macht. Im Grunde alles machbar. Aber im Innern habe ich bei jedem erreichten Ziel geglaubt, dass ich das nicht verdiene, dass ich nicht genug kann, nicht genug weiß und und und. Imposter lässt grüßen.

Woher kam das? Ich wuchs in einem modernen Haushalt der 1980er Jahre auf. Meine Eltern waren erfolgreiche Gastronomen. Meine Mutter übernahm die Personalverwaltung für rund 100 Mitarbeitende. Von außen betrachtet eine beeindruckende Leistung, insbesondere für eine Frau jener Zeit. Sie führte ein schönes Leben. Und trotzdem wartete sie stets auf etwas, zum Beispiel auf Mr. Right oder darauf, dass ihre Kinder sie mit Impulsen mitreißen. Diese Warteposition habe ich unbewusst übernommen.

Erst der Tod meiner Mutter im Alter von 63 Jahren war ein Weckruf und hat mein Warten auf Antworten von außen beendet – auf Prince Charming, der mich rettet, auf den Job, in dem ich endlich Erfüllung finde, auf den Ort oder den Impuls, der mich ankommen lässt. Durch ihren Tod habe ich verstanden, dass ich die Schöpferin meines Glücks, meines Erfolgs und meiner Realität bin. Das erledigt nicht irgendein Ereignis in der Vergangenheit oder Zukunft für mich. Ich kreiere mir mein Leben selbst – hier und jetzt. Nur ich bin für mein Glück verantwortlich – nicht die Umwelt, andere Menschen oder die Regierung.

Dadurch, dass mich dieses traumatische Erlebnis vollkommen ausgebremst hat, habe ich mich zum ersten Mal gefragt: Wem oder was renne ich eigentlich so hinterher und wozu diese Eile? Wenn ich von jetzt an nur noch 22 Jahre zu leben habe, was möchte ich in dieser Zeit erleben? Was will ich hinterlassen? Wer möchte ich sein?

Heute lebe ich ein selbstbestimmtes Leben. Ich bin finanziell frei, habe echten Impact mit meiner Arbeit und lebe meinen Kindern eine gleichberechtigte und glückliche Partnerschaft vor, in der wir liebevoll Grenzen setzen und in der es ok ist, eigene Bedürfnisse anzuerkennen, zu benennen und an erste Stelle zu setzen.

Meine wichtigste Erkenntnis aus der Zeit des Zweifelns lautet: Der Schlüssel zum Erfolg liegt in dir selbst. Du brauchst nicht mehr und nicht weniger als dich, um alles zu erreichen, was du dir wünschst. Zunächst musste ich aber schweren Herzens erkennen, dass vor allem ich selbst diejenige war, die mich immer mehr angetrieben hat und ihren eigenen Wert über Leistung definierte. Dann wurde mir klar, dass ich nicht mehr leisten muss, um Anerkennung zu erhalten und geliebt zu werden. Das zu wissen, ist der erste Schritt. Dann beginnt die Arbeit – aber auch das Leben neu. Bis heute arbeite ich jeden einzelnen Tag an mir, indem ich dafür Sorge trage, dass es mir gut geht. Denn wenn ich erfüllt bin und ich mich wohlfühle, kann ich andere unterstützen.

Ich habe heute alles, was ich mir wünsche. Und ich möchte, dass auch du dein Traumleben führst und weißt: Du bist genug. Ich zeige dir, wie du diese Erkenntnis nutzen kannst, um ein Leben zu leben, das du nicht nur erträgst, sondern in dem du wirklich lebst und strahlst. In allen Bereichen. »Keine Kompromisse: Die Kunst, du selbst zu sein und im Leben alles zu bekommen, was du willst« enthält meine eigenen Erfahrungen und Schlüsselmomente, die mich zu der Frau gemacht haben, die ich heute bin. Einen großen Anteil daran hat auch meine Ausbildung zum Embodiment Coach und das Verständnis dafür, wie wichtig auch die echte Verkörperung dessen ist, was wir erreichen und wie wir leben wollen. Außerdem stelle ich dir den »Club der Business-Ikoninnen« vor: vier Frauen-Typen, die dir dabei helfen werden, deine eigene »Personal Brand« zu entwickeln. Danach folgt ein 7-Punkte-Plan, der dich aus der Falle des Perfektionismus und der Angst befreit und dich in ein Leben voller Selbstbewusstsein und Balance führt. Du wirst an deiner eigenen Haltung arbeiten, echtes Commitment für dich selbst entwickeln und dabei weder ausbrennen noch dich selbst aufgeben.

Das »Mehr«, nach dem du suchst, ist nicht bloß materieller oder beruflicher Natur. Es ist ein »Mehr« an Qualität, ein »Mehr« an Tiefe und ein »Mehr« an Verbindung. Und um das zu erreichen, musst du bereit sein, dich selbst vollkommen zu investieren, in all deiner Verletzlichkeit und Kraft. Deshalb ist dieses Buch mehr als ein Ratgeber – es ist eine Einladung. Eine Gelegenheit, deine alten Geschichten und Glaubenssätze, die dich klein halten, hinter dir zu lassen und den mutigen Schritt in deine eigene Größe, zu deiner wahren Persönlichkeit zu wagen. Wenn du bereit bist, diese spannende Reise anzutreten, dann lass uns gemeinsam den ersten Step gehen. Dieses eine, kostbare Leben wartet darauf, von dir in seiner ganzen Fülle gelebt zu werden.

Herzlichst
deine Nicole Wehn

”

Eine gleichberechtigte Gesellschaft ist nur dann realistisch und möglich, wenn mehr Frauen mehr Geld verdienen und sich trauen, ihre Wahrheit auszusprechen und dabei authentisch zu sein.

— Nicole Wehn

Teil I

Einleitung

Die Zukunft ist weiblich! Daran habe ich keinen Zweifel und daran können auch die Rückschritte, die wir in Europa und auf anderen Kontinenten immer wieder erleben, nichts ändern. Höchste Zeit, dass aus dem Satz mehr wird als nur ein geflügeltes Wort oder ein trendiger Slogan auf T-Shirts und Social-Media-Plattformen. Wir befinden uns in einem entscheidenden Moment in der Geschichte der Menschheit, in dem die Herausforderungen, vor denen wir stehen – Klimawandel, soziale Ungerechtigkeit, künstliche Intelligenz, Wirtschaftskrisen oder globale Gesundheitskrisen – gemeinsames Führen und Denken erfordern, unabhängig von Geschlecht oder Herkunft. Ansonsten werden wir es alle langfristig ziemlich schwer haben, zu überleben.

Kurzum, die Vorzeichen für mehr Weiblichkeit stehen wirklich gut. Und trotzdem – wie paradox – stehen wir Frauen uns immer noch selbst im Weg. Viele zögern noch, ihre Stimmen zu erheben, ihre Talente einzubringen und die Führungspositionen zu übernehmen, für die sie nicht nur qualifiziert, sondern oft sogar überqualifiziert sind. Noch größer ist häufig die Angst vor dem Schritt in die Selbstständigkeit. Warum quälen wir uns mit Unsicherheit und Selbstzweifeln, selbst wenn wir alle Werkzeuge in der Hand halten, um erfolgreich zu sein?

Gesellschaftliche Barrieren und Selbstsabotage: Warum Frauen zögern

Die Antwort klingt so tragisch wie simpel: Weil wir es nicht anders kennen. Die Wurzeln unserer Unsicherheit reichen tief und sind vielschichtig. Oft sind sie kulturell bedingt und werden durch Jahrhunderte alte gesellschaftliche Normen verstärkt. Frauen wurden traditionell in vielen Kulturen auf Bescheidenheit, Rücksichtnahme und aufs Dienen programmiert. Während diese Qualitäten durchaus positive Aspekte mit sich bringen können, werden sie problematisch, wenn sie uns daran hindern, unser eigenes Potenzial auszuschöpfen. Ich erlebe sogar immer wieder, dass wir darüber diskutieren, ob eine Ausbildung oder ein Studium überhaupt Sinn ergibt, wenn wir Kinder wollen. Und ich meine mit diesem »Wir« nicht die Gesellschaft, nur uns Frauen. Wir sind nämlich oft diejenigen, die andere Frauen kritisieren. Berufstätige Mütter werden als Rabenmütter bezeichnet und Kinderlose als karrieregeil. Und das ist nur ein Ausschnitt dessen, was wir uns gegenseitig antun. Dabei sollten wir uns immer gegenseitig emporheben, unsere Erfolge feiern und uns unterstützen, wenn wir drohen, unterzugehen.

Lasst uns die Chancen und Möglichkeiten nutzen, die wir heute – im Gegensatz zu unseren Müttern und Großmüttern – haben.

Der Fluch der Perfektion

Aber es sind nicht immer die anderen, die es uns schwer machen. Wir selbst sind oft unsere schlimmsten Kritiker:innen. In dem Bestreben, Perfektion zu erreichen, setzen wir uns unrealistische Standards, die nicht nur stressig, sondern oft destruktiv sind. Wir vergleichen uns mit anderen, oft mit Männern, die unterschiedliche Lebensbedingungen, Chancen und Herausforderungen haben. Anstatt uns selbst für das zu schätzen, was wir sind, und unsere Einzigartigkeit zu würdigen, entwerten wir uns und schmälern damit unsere Kraft und unsere Sichtbarkeit. Von uns selbst Perfektion zu erwarten, ist, als ob wir uns in einem runden Raum in die Ecke setzen wollten. Das werden wir nie schaffen.

Was wäre, wenn wir, anstatt nach unerreichbarer Perfektion zu streben, lieber Fehler und Stolperfallen feiern? So haben wir authentischen Erfolg und verkörpern diesen auch zu 100 Prozent. Schließlich haben wir die Fehler begangen und daraus wertvolle Lektionen gelernt. Authentischer Erfolg bedeutet nicht, Fehler oder Schwächen zu vermeiden, sondern sie als Teil unserer menschlichen Erfahrung anzunehmen. Er bedeutet, die Courage zu haben, unsere Träume und Ambitionen klar zu formulieren und die entsprechenden Schritte zu unternehmen, um sie zu verwirklichen – unabhängig von den Meinungen und Erwartungen anderer.

Das Recht auf Erfolg: Eine Frage der Verantwortung

Es ist Zeit, die Frage, ob wir ein Recht auf Erfolg haben, gar nicht erst zuzulassen. Natürlich haben wir das Recht darauf. Die eigentliche Frage sollte heißen: Sind wir bereit, die Verantwortung für unsere eigene Zukunft und letztlich für die Zukunft der Welt zu übernehmen? Und wenn die Antwort »Ja« lautet, dann sollten wir anfangen, uns authentisch, kraftvoll und vor allem sichtbar zu machen. Denn die Welt hat lange genug auf jede Einzelne von uns gewartet.

Warum ist das Thema so wichtig?

Wir beschränken uns selbst und damit sollten wir dringend aufhören – auf persönlicher Ebene, ebenso wie kollektiv oder sogar global. Es kommt mir manchmal so vor, als ob wir, zumindest unterbewusst, immer noch annehmen, weiblicher Erfolg sei entweder unwichtig oder irgendwie weniger verdient. Diese tief verwurzelte Scheinwahrheit zieht weitreichende Konsequenzen nach sich, die sich in verschiedenen Bereichen in uns als Glaubenssätze manifestieren. »Ich kann das sowieso nicht«, »Das geht eh schief« oder »Das braucht doch niemand« sind nur ein paar Beispiele. Solange wir diese falschen Glaubenssätze nicht loswerden, halten sie uns davon ab, glücklich, frei und selbstbestimmt zu leben. Sie verhindern auch, dass wir die Welt verändern. Sie schaffen eine Atmosphäre voller Selbstzweifel, die unsere Entscheidungen und Handlungen beeinflusst. Sie führen dazu, dass wir Chancen nicht ergreifen, dass wir uns selbst nicht in den Raum stellen und unsere Stimmen nicht erheben, selbst wenn wir tiefe Kenntnisse und wertvolle Perspektiven zu bieten haben.

Selbstbeschränkung killt Vorbildintention

Aber es geht nicht nur um uns persönlich. Der feminine Hang zur Selbstbeschränkung beeinträchtigt unsere Fähigkeit, effektive Führungspersönlichkeiten, inspirierende Vorbilder und innovative Problemlöserinnen zu sein. Dies wiederum begrenzt unseren Einfluss in der Gesellschaft, unsere Fähigkeit, positive Veränderungen herbeizuführen, und letztlich auch die Möglichkeiten, die wir für unsere Kinder und kommende Generationen schaffen. Die Lücke in der weiblichen Führung wirkt sich auf alles aus, von politischen Entscheidungen und sozialen Reformen bis hin zur Innovationskraft und wirtschaftlichen Entwicklung. Schlimmer noch: Unsere Selbstbeschränkung verstärkt gesellschaftliche Ungleichgewichte und sie trägt zur Aufrechterhaltung der bestehenden Machtstrukturen bei. Auch deshalb verdienen wir immer noch weniger Geld als viele männliche Kollegen.

Wenn wir uns selbst nicht als würdig oder fähig betrachten, unsere Träume zu verwirklichen und Führungsrollen zu übernehmen, wer wird dann Vielfalt und Inklusion in unserer Gesellschaft fördern? Wer wird sich für Gerechtigkeit, Nachhaltigkeit und Gleichheit einsetzen? Wer wird den Kreislauf der Unterdrückung und Diskriminierung durchbrechen?

Du siehst, dieses Mindset der Selbstbeschränkung ist Gift für dich, für uns und für die nächste Generation. Was lernen unsere Töchter, wenn sie zusehen, wie wir uns selbst klein halten? Wenn sie erleben, wie wir die Bedürfnisse anderer Menschen und ihre Meinung über unsere eigenen Wünsche und Betrachtungsweisen stellen. Wie können wir von ihnen erwarten, dass sie die Welt erobern, wenn wir uns selbst zurückhalten? Das ist keine Bagatelle – es ist eine dringende Frage von sozialer Verantwortung.

Studien liefern immer mehr Beweise

Selbst in der Wissenschaft sind die Themen »Nachteile traditioneller Rollenbilder« und »Female Empowerment« inzwischen angekommen. Und die Forschung unterstreicht immer deutlicher die zentrale Bedeutung von Frauen in Führungsrollen. Eine wachsende Anzahl von Studien aus verschiedenen Disziplinen zeigt, dass Unternehmen mit Frauen im Vorstand nicht nur eine höhere Rendite erzielen, sondern auch in Bereichen wie Problemlösung, Innovation und Anpassungsfähigkeit an volatile Märkte überlegen sind. Diese Erkenntnisse sollten ein Weckruf für alle sein, insbesondere für Frauen selbst, denn sie legen nahe, dass die Einbeziehung von Frauen in Führungspositionen nicht nur eine Frage der sozialen Gerechtigkeit ist, sondern auch betriebswirtschaftlich Sinn ergibt. Die Forschung zeigt uns also nicht nur die Tür zu einer gerechteren, sondern auch zu einer effizienteren Welt.

Doch hier tritt ein entscheidendes Dilemma auf. Studien können nur so viel bewirken: Sie können uns den Weg zeigen, den Rahmen für das Potenzial abstecken und die Mythen entkräften, die uns in der Vergangenheit zurückgehalten haben. Was sie jedoch nicht können ist, uns durch diese Tür zu begleiten. Jede von uns muss selbst durchgehen, indem sie tief verwurzelte gesellschaftliche und persönliche Barrieren überwindet, die Frauen häufig noch daran hindern, Unternehmertum oder Führungsrollen überhaupt anzustreben. Es reicht nicht aus, nur die Fakten zur Kenntnis zu nehmen. Wir müssen sie als Katalysator für persönliche, aber auch kollektive Aktionen nutzen. Nur so können wir die Lücke schließen zwischen dem, was die Forschung uns sagt, und dem, was tatsächlich in der Welt passiert.

Die Ära des Female Shift: Mehr als ein Trend

Die Voraussetzungen sind besser als je zuvor. Wir stecken mittendrin im Zeitalter, das von Expert:innen als »Female Shift«[1] bezeichnet wird. Dabei handelt es sich übrigens nicht um einen Modebegriff. Female Shift ist mehr als ein Trend; er ist ein globales Phänomen, ein Megatrend, der eine Neuausrichtung gesellschaftlicher, wirtschaftlicher und politischer Strukturen begleitet. Frauen wie du und ich steigen nicht nur in die Führungsetagen der Unternehmen auf oder gründen ihre eigenen Firmen, sondern machen auch in Politik, Wissenschaft und Kultur von sich reden. Die Frage, die sich heute stellt, lautet also nicht mehr, ob Frauen massiv an Macht und Einfluss gewinnen werden, sondern nur wann und wie schnell.

Für Frauen, die ihr eigenes Business führen oder führen wollen, hat der Female Shift enorme Bedeutung. Weltweit hat sich die Geschäftswelt verändert; sie ist inklusiver, vielfältiger und offener für feminine Führung. Also, warum solltest du und dein Unternehmen nicht Teil dieses Megatrends sein? Die Chance liegt klar auf der Hand: Ein geschäftliches Umfeld, das Frauen nicht nur toleriert, sondern aktiv fördert, ermöglicht es dir, authentisch und erfolgreich zu sein.

Schluss mit der eigenen Bremse

Statt weiter innerhalb von selbst auferlegten Grenzen zu bleiben und dich zu kritisieren, bis die Ärztin kommt, musst du sehen: Du stehst vor einer Tür zu grenzenlosen Möglichkeiten. Von Start-up-Finanzierungen, die für Frauen zugänglicher sind als je zuvor, bis hin zu Netzwerken und Mentor:innen, die dich aktiv fördern wollen, ist alles dabei. Du musst dich nur trauen und committen.

Dein Unternehmen im Female Shift

Was nutzen all diese Möglichkeiten und die äußere Anerkennung, wenn dein inneres Selbstbild wackelt? Was bringt Female Empowerment in der Gesellschaft, wenn wir Frauen nicht an uns selbst glauben? Nicht viel. Unser äußerer Erfolg ist immer ein Spiegel unserer inneren

Überzeugungen. Wenn wir nicht an uns glauben, werden wir immer nur halbherzig agieren, immer in der Angst, entdeckt zu werden, immer in der Sorge, nicht gut genug zu sein. Und immer in Furcht vor der Sichtbarkeit, die wir für unseren Erfolg brauchen.

Ich versichere dir: Du bist nicht allein auf deiner Reise. Überall gibt es Unternehmerinnen, die auch nach mehr streben und Teil des Female Shifts sein wollen. Gemeinsam können wir mehr erreichen. Deine Erfolge und Erfahrungen inspirieren andere und umgekehrt. Durch Kooperation und Netzwerke wird nicht nur dein Business profitieren, sondern die Geschäftswelt als Ganzes wird femininer, vielfältiger und erfolgreicher. Vernetzung ist also nicht nur eine nette Beigabe, sondern essenziell für deinen Erfolg und den von uns allen. Und sie zählt außerdem zu einer der größten Fähigkeiten von uns Frauen.

Dein Impact als Business Owner

Es ist leicht zu denken, dein Einfluss sei begrenzt, weil du »nur« ein kleines Unternehmen führst. Doch jede erfolgreiche Frau im Business schafft einen Präzedenzfall. Jede Geschäftsfrau, die sich traut, innovativ zu sein, schafft Raum für andere, es ihr gleichzutun. Jede von uns, die etwas wagt, setzt eine Kettenreaktion in Gang, die das Unternehmertum für Frauen weltweit verändert. Dein Einfluss ist also größer, als du vielleicht denkst. Jede Entscheidung, die du triffst, jedes Risiko, das du eingehst, formt die Geschäftswelt für die Frauen, die nach dir kommen. Du wirst zu einem weiblichen Vorbild, das wir in der Wirtschaft so dringend brauchen.

Dein Business, dein Megatrend

Warum also warten? Dein Unternehmen kann und sollte ein aktiver Teil dieses globalen Megatrends sein. Der Female Shift ist nicht nur eine gesellschaftliche Strömung; er ist eine betriebswirtschaftliche Notwendigkeit. Je mehr Frauen Unternehmen erfolgreich führen, desto leichter wird es für die nächste Generation von Unternehmerinnen. Du hast jetzt die Möglichkeit und ich finde auch die Verantwortung, dieses Erbe zu schaffen. Die Frage lautet nicht mehr, ob du dazu beitragen wirst, sondern wann. Und dieses »Wann« ist jetzt. Die Veränderung beginnt bei dir, und sie beginnt heute. Du hast die Macht, den Female Shift in deinem Business und in der Welt zu beschleunigen.

Persönliche Erfahrung

Zweifelst du immer noch? Ich kenne diese Zweifel nur zu gut. Mit einem Studium in den USA und Jobs in männerdominierten Branchen wie der Formel 1 habe ich eine tolle Karriere hingelegt und trotzdem immer weiter nach unerreichbarer Perfektion gestrebt. Erst der viel zu frühe und plötzliche Tod meiner Mutter hat mir die Augen geöffnet: Ich konnte so nicht weitermachen. Ich wollte nicht mehr warten und war bereit, meinen eigenen Weg zu finden, um erfolgreich und glücklich zu sein, ohne mich selbst dabei zu verlieren. Und ich habe es geschafft. Wenn ich das kann, kannst du es auch.

In »Keine Kompromisse: Die Kunst, du selbst zu sein und im Leben alles zu bekommen, was du willst«, möchte ich dir Werkzeuge an die Hand geben, damit du jegliche Selbstsabotage beendest, in dein volles Potenzial trittst und deine ganz persönliche authentische Personal Brand aufbaust. Dabei sind meine sieben Schritte dorthin andere als die, die du beim Thema »Personal Brand« vermutlich erwartest. Ich möchte dir damit aber zeigen, dass du alles haben kannst, was du willst, ohne Zugeständnisse machen zu müssen oder dich selbst aufzugeben. Wenn wir Frauen, besonders der Generationen zwischen 30 und 60, uns endlich erlauben, unsere eigene Stärke und Einzigartigkeit zu erkennen, auszuleben und nach außen zu tragen, werden wir nicht nur unser eigenes Leben, sondern auch die Welt verändern. Dann gibt es keine Kompromisse mehr.

”

Wir leben immer noch in einer Männerwelt — aber wir arbeiten dran.

— Nicole Wehn

Teil II

Einführung in die »Welt der Frauen«

Ich bin unendlich dankbar dafür, dass sich unser Frauenbild aktuell stark wandelt. Ein gesellschaftlicher Umbruch findet an vielen strategisch wichtigen Punkten statt. Ein essenzieller Aspekt: Die moderne Frau passt nicht mehr in die Schubladen »Hausfrau« oder »Karrierefrau«. Wie eine Datenauswertung der Financial Times gezeigt hat, werden Frauen immer liberaler, junge Männer dafür aber leider immer konservativer. Besonders groß ist die Kluft zwischen liberalen Frauen und konservativen Männern neben Deutschland auch in den USA, Südkorea und Großbritannien.[2]

Die Frau von heute ist eine facettenreiche Persönlichkeit mit unterschiedlichen Interessen, Leidenschaften und Zielen. Und diese Vielfalt, die wir Frauen heute leben können, ist eine Stärke. Trotzdem dürfen wir weder aufhören, uns zu entwickeln, noch sollten wir uns in eine einzige Rolle pressen lassen. Eine weitere magische Entwicklung, die ich wahrnehme: Immer mehr Frauen sind bereit, ihr Bild von sich selbst nicht nur zu überdenken, sondern aktiv zu überarbeiten. **Wichtig:** Hierbei geht es nicht um ein »Update«, denn du hast alles, was du brauchst, bereits in dir. Du erreichst allerdings mehr Tiefe, Authentizität und Stärke, wenn du bereit bist, an deiner Haltung zu dir zu arbeiten. Ich weiß schon, Arbeit klingt nicht so richtig prickelnd, wobei wir doch fast immer bereit sind, viel Zeit und Mühe in andere zu investieren. Jetzt ist die Zeit gekommen, all-in zu gehen und auf dich selbst zu setzen. Du bist die Einzige, die noch zwischen dir und deinem Erfolg steht.

Warum wir an uns selbst zweifeln

Leider wird unsere Entwicklung häufig von Selbstzweifeln gehemmt. Und diese Zweifel sind ein ganz schön komplexes Phänomen, das aus verschiedenen psychologischen und emotionalen Gründen auftreten kann. Nach meiner Erfahrung und Arbeit mit vielen Frauen, habe ich verschiedene Hauptursachen identifiziert, die zu Selbstzweifeln führen:

1. Innerer Kritiker und negative Glaubenssätze

Eine davon ist unser innerer Kritiker, der sich durch negative Glaubenssätze nährt. Diese Glaubenssätze entstehen meist in unserer Kindheit und können von verschiedenen Bezugspersonen wie Eltern, Großeltern oder Lehrer:innen stammen. Unser kindliches Unterbewusstsein, das noch lernt, ist weit offen. Besonders in den ersten acht Lebensjahren nimmt unser Unterbewusstsein viele Informationen ungefiltert auf und speichert sie langfristig ab. Negative Glaubenssätze, die von Menschen übertragen werden, die ihre eigenen emotionalen Lasten schultern müssen, gelangen direkt ins Unterbewusstsein. Wenn wir uns nicht damit auseinandersetzen, bleiben sie dort verankert und können zu dauerhaften Selbstzweifeln führen.

2. Der Vergleich mit anderen

Ein weiterer wichtiger Faktor: die ständigen Vergleiche, die wir anstellen, besonders mit Menschen, denen wir in den sozialen Medien folgen. Viele scrollen durch ihren Feed, suchen einen Impuls und wollen sich inspirieren lassen, indem sie mal schauen, was die anderen so machen. Da beginnt der Fehler bereits. Denn wer das tut, sucht eine Inspiration von außen und landet dann auf optisch motivierten Plattformen wie Instagram, auf denen Nutzer:innen ihr scheinbar perfektes Leben präsentieren. Die Konsequenz: Wir schüren Selbstzweifel oder geben ihnen weitere Nahrung. Schicht für Schicht packen wir immer mehr auf unsere Unsicherheit drauf und fühlen uns im Vergleich klein und unzulänglich. Besser wir erkennen: Wahre Inspiration kommt von innen. Wir sind bereits bei unserer Geburt vollkommen und haben alles, was wir brauchen, bereits in uns.

3. Perfektionismus und gesellschaftliche Erwartungen

Über Perfektionismus habe ich ja bereits ein bisschen geschrieben. An dieser Stelle muss ich ihn aber noch einmal ansprechen, weil die Gesellschaft immer noch unglaublich von Perfektion getrieben wird. Was für eine Belastung! Auch wenn wir uns nach und nach davon befreien, stehen wir als Frauen noch immer besonders unter dem Druck, verschiedenen Rollen und Erwartungen gerecht zu werden. Was wir auch lesen und schauen, es geht immer darum, hübsch auszusehen, und um ein klassisches Familienkonstrukt. Ich bin ein großer Disney-Fan. In Sachen Personal Brand hat Walt Disney sehr vieles richtig gemacht. Schaust du dir aber die alten Disney-Cartoons und Filme an, fällt dir sofort auf, wie sehr sie von einem völlig antiquierten Frauenbild geprägt sind. Schneewittchen zum Beispiel stammt aus dem Jahr 1936. Die Figur hat im Film überhaupt keinen Charakter. Alles, was sie interessiert, ist ein Mann, der irgendwie nett ist und sich um sie kümmert. Sie verliebt sich in den Retter und dann wird sofort geheiratet. Dieses Bild zieht sich durch. Cinderella wurde in den 1950ern gezeichnet und animiert und so weiter und so fort. Diese Figuren sind aber dann Vorbilder für unsere Kinder – vor allem für Mädchen. Jedes Mal, wenn ein neuer Film rauskommt, wollen Millionen Kinder Märchenprinzessinnen sein. Diese Figuren sind unglaublich perfekt. Solche Menschen gibt es nicht. Keine:r ist perfekt. Aber wir lernen, dass das ein Ideal ist, nach dem wir streben sollen. Da ist es doch kein Wunder, dass wir vollgeladen sind mit Selbstzweifeln.

Diese unrealistischen Maßstäbe können wir so nicht stehen lassen! Hast du den Barbie-Film gesehen? Der stellt auf unterhaltsame Weise diese Standards infrage. Das reicht mir aber noch nicht. Das muss noch tiefer gehen und weitreichender wirken. Wir brauchen eigene, ehrliche Maßstäbe und keine unerreichbaren Ideale.

4. Die Angst vor Misserfolg und Ablehnung

Manchmal müssen wir, um Selbstzweifel abzuschütteln, sogar gegen unsere Natur arbeiten. Denn die so menschliche, tiefe Angst vor Misserfolg und Ablehnung liegt in der Evolution begründet. Historisch betrachtet, hat sie einen Ursprung, der weit über individuelle Erfahrungen hinausgeht. Unsere Vorfahren lebten in Gruppen, in denen die Zugehörigkeit nicht nur soziale Vorteile brachte, sondern oft über Leben und Tod entschied. Der Ausschluss aus der Gemeinschaft konnte in der Wildnis schlichtweg fatale Folgen haben. Diese Urangst hat sich in unser genetisches Gedächtnis eingebrannt und wird in Momenten der Unsicherheit reaktiviert. Obwohl der soziale Ausschluss heute nicht mehr lebensbedrohlich ist, manifestiert sich die Angst davor auf subtile Weise. Wir neigen dazu, unsere vergangenen Misserfolge und Fehler als ewige Beweise unserer Unzulänglichkeit zu sehen. Jeder Rückschlag, jede Zurückweisung wird zu einem »Beweisstück« in der Akte unserer Selbstzweifel. Ständig hinterfragen wir unsere Fähigkeiten und fürchten, dass jede Aktion, die in einem Misserfolg enden könnte, nur weitere Beweise für unsere Unzulänglichkeit liefert.

So entstehen übrigens die sogenannten Komfortzonen. Dieser scheinbar sichere Hafen kostet jedoch einen hohen Preis. Er hält uns davon ab, Risiken einzugehen, die für unser persönliches und berufliches Wachstum notwendig sind. Wir vermeiden Herausforderungen, weil wir meinen, dass das Risiko des Scheiterns zu groß ist. Was wir dabei oft übersehen ist, dass in jedem Risiko auch eine Gelegenheit steckt. Durch das ständige Vermeiden von potenziellem Misserfolg entgehen uns zahlreiche Chancen zur Weiterentwicklung und zur Entfaltung unseres vollen Potenzials.

5. Der Selbstschutzmechanismus und geringes Selbstwertgefühl

Stell dir vor, du stehst vor einer Karte voller Ziele, Träume und Ambitionen. Jeder dieser Punkte auf deinem imaginären Lebensplan leuchtet vor lauter Möglichkeiten. Doch statt den ersten Schritt zu tun, eine dieser Optionen zu ergreifen, findest du dich in einer merkwürdigen, selbst auferlegten Starre wieder. Deine innere Stimme schreit dir ständig zu: »Du schaffst das nicht!« oder fragt dich »Was, wenn du versagst?« Es ist, als hätte jemand einen Anker an deine Füße gekettet.

Dieser metaphorische Anker ist nichts anderes als dein Selbstzweifel, der sich als eine Art Selbstschutzmechanismus tarnt. Ironischerweise glauben wir, indem wir uns selbst infrage stellen und in unserer Unsicherheit baden, uns vor dem Schmerz eines möglichen Misserfolgs oder einer Zurückweisung zu schützen. Als wäre das Nicht-Handeln eine Art magisches Schild, das uns von der harten Realität abschirmt. In Wirklichkeit ist dieser Selbstschutz nichts weiter als eine Falle, eine Illusion von Sicherheit, die auf einem geringen Selbstwertgefühl beruht. Wir denken, wenn wir uns selbst nicht zu viel zutrauen, dann können wir auch nicht enttäuscht werden. Doch diese Vorsichtsmaßnahme hält uns in einem Zustand der Lähmung. Wir werden zu Passagieren in unserem eigenen Leben, anstatt unser Schicksal zu lenken und die vielen Möglichkeiten auf unserer Lebenskarte zu ergreifen.

Aber woran liegt das? Zum Beispiel an Problemen in unserer Kindheit, an erfahrenen Misserfolgen, an toxischen Beziehungen und Freundschaften. All das hat unser Selbstbild kontinuierlich untergraben und für einen Selbstschutzmechanismus gesorgt, der in einem niedrigen Selbstwertgefühl wurzelt.

MERKE

Dein Selbstwert ist nicht in Stein gemeißelt. Auch wenn du dich schon lange in einer negativen, festgefahrenen Denkweise über dich selbst befindest, kannst du immer noch da raus. Ich zeige dir in Teil III dieses Buches kraftvolle Tools, mit denen du dich jederzeit davon befreien und dann deine Chancen ergreifen kannst. Falls nötig, hol' dir auf jeden Fall professionelle Hilfe von Psycholog:innen oder Coaches.

Was hat sich im Frauenbild verändert?

Gehen wir mal davon aus, dass viele Frauen den Schritt in die Veränderung von innen nach außen gehen. Es werden aus meiner Sicht wirklich immer mehr. Trotzdem wandelt sich das gesamtgesellschaftliche Bild noch zu langsam. Aber es bewegt sich was. Wir stecken irgendwo zwischen Fortschritt und überholten Erwartungen, äußerem Wandel und innerer Revolution fest. Wenn wir Frauen aber die innere Veränderung schaffen, ändert das Stück für Stück die Gesellschaft. Schließlich sind wir ein großer Teil davon. Mit jeder Frau, die aktiv an der Veränderung arbeitet, wird dem Gesellschaftspuzzle ein weiteres Teil hinzugefügt. Wir haben es in der Hand.

Die Disney-Evolution

Eine Entwicklung im gesellschaftlichen Frauenbild freut mich persönlich besonders. Ich hatte ja schon erwähnt, dass ich ein großer Disney-Fan bin. Aus den Disney-Prinzessinnen von einst, diesen fragilen Damen in Nöten, die auf Rettung gewartet haben, sind heute selbständige Heldinnen geworden. Da gibt es starke, unabhängige Figuren wie Mulan oder Vaiana – Frauen, die sich in männerdominierten Welten behaupten, die mutig sind, ihre eigenen Wege gehen und ihrem Herzen folgen. Sie sind die modernen »Macherinnen«, die das traditionelle Frauenbild radikal verändern und eine neue Ära der Selbstbestimmung am Zeichentrickhimmel einläuten.

Das Superheld:innen Franchise Marvel, das ebenfalls zum Disney-Konzern gehört, zieht mit »Black Widow«, »Wanda Vision« und »Wakanda Forever« nach. Hollywood wird Puzzleteil für Puzzleteil feministischer. Wenn die sehr sexistische Filmbranche das schafft, kriegt es auch der Rest der Gesellschaft hin. Da bin ich sicher.

Wie sieht die Veränderung in der Realität aus?

Es gibt tatsächlich zahlreiche Beispiele, die den Wandel zur Gleichberechtigung und mehr Weiblichkeit im Business markieren. Initiativen wie »50x50«[3], die sich inzwischen durch unzählige Branchen zieht, und andere Bestrebungen zur Gleichberechtigung von Frauen spielen dabei eine wichtige Rolle. Doch die entscheidende Veränderung muss von innen kommen. Wenn du anfängst, dich selbst nicht nur als Macherin zu sehen, sondern auch als ein Mensch, der Fehler machen darf; wenn du dir selbst mit Liebe und Mitgefühl begegnest, dann kann wirklich etwas ins Rollen kommen. Du darfst übrigens auch Eigenschaften haben, die man im Allgemeinen Männern zuordnet. Jede:r hat männlich und weiblich assoziierte Qualitäten – die jeweiligen Anteile sind typbedingt. Im Business ist immer beides gefragt. Aber trotzdem gibt es eben auch Unterschiede. Chancengleichheit heißt eben nicht, gleich zu sein, sondern gleichberechtigt.

Ein Beispiel aus meiner Erfahrung: Männer, mit denen ich gearbeitet habe, waren sehr schnell darin, Strategien zu übernehmen und sie dann einfach umzusetzen. Viele Frauen in meinem Umfeld tendierten hingegen dazu, erst einmal von allen Seiten auf eine Strategie zu schauen und sie im Zweifel sogar zu zerdenken. Weil sie Angst haben, einen Fehler zu machen oder nicht perfekt genug zu sein. Das ist nicht zwangsläufig ein Nachteil. Die Fähigkeit zum kritischen Denken kann eine Stärke sein, wenn sie richtig kanalisiert wird. Wenn du aber auch zum Zerdenken neigst, lass dir bitte von aufkommenden Ängsten und deinem Perfektionismus nicht die Fähigkeit nehmen, zu handeln.

In meiner Arbeitspraxis als Online Business Strategin und Coach habe ich zwei krasse Gegensätze erlebt: Es gibt die Menschen, die zack zack einfach alles das, was ich ihnen an die Hand gebe, umsetzen. Andere sind wie gelähmt, obwohl sie noch nicht einmal konkret benennen können, woran das liegt. Die Folge: Sie prokrastinieren. Da musst du wirklich aufpassen, dass du nicht in diese Falle reinrutschst. Gerade, wenn du zu Perfektion neigst, kann das zum Problem werden. Perfektionismus und die Tendenz zur Prokrastination sind beides angstgetriebene Eigenschaften.

Erlaubst du dir, aus deinen Ängsten herauszutreten, handelst du unternehmerisch. Im Englischen sagt man so schön »fail fast forward«. Das bedeutet so viel wie »schnell scheitern, um schnell voranzukommen«. Du probierst immer wieder etwas aus, anstatt ständig mit Veränderungen oder Neuerungen zu hadern. Der Vorteil liegt klar darin, Erfahrungen zu sammeln und schnell zu sein – wenn ich an Social Media denke, auch mal was rauszuhauen und zu sehen, was passiert. Der Nachteil: Manchmal läuft es eben nicht nach Plan und du scheiterst. Dann heißt es, aufstehen, Krone richten und weiter geht's. Eben das Gegenteil von dem tun, was die früheren Disney-Prinzessinnen gemacht haben. Frauen trauen sich das leider immer noch viel zu wenig. Und das liegt sicherlich auch daran, dass sie zu sehr im Außen sind, was auch noch von vielen Seiten gefördert wird.

Mir fällt immer wieder eine Jakobs-Werbung aus den 1990ern ein; ich glaube, es war für »Krönung light«. Da springt eine Frau morgens fröhlich aus dem Bett, läuft beschwingt zum Job, den sie natürlich mit Bravour meistert. Das ist klar. Danach zum Sport und abends noch das romantische Dinner mit dem Partner. Und bei all dem sieht sie natürlich immer aus wie frisch aus dem Ei gepellt. Generationen von Frauen sind solchen Werbungen zum Opfer gefallen. Ich war dreizehn oder vierzehn, als die im TV lief. Von heute auf morgen wirst du so ein skizziertes Ideal nicht los. Aber du kannst daran arbeiten. Und zum Glück tut die Gesellschaft es auch.

Veränderung fängt bei dir an

An dieser Stelle möchte ich einmal ganz klar sagen: Wenn du unzufrieden bist, aber gern glücklich sein möchtest, musst du in allererster Linie dich verändern. Du musst dein Bild von dir selbst neu malen – von innen nach außen. Wenn du es nicht tust, wer soll es dann erledigen? Raus aus der Opferhaltung! In der Theorie wissen wir alle, wie es geht. In der Praxis sagen sich dann aber immer noch viele: »Ich brauche Bestätigung von außen. Ich möchte, dass andere mich positiv bewerten, dass sie mich mögen.« Was aber, wenn wir uns selbst lieben und das genug ist? Wenn wir uns immer wieder positiv reflektieren? Dann werden wir zu unserem größten Fan. Das beginnt bei Kleinigkeiten: Beim Feiern von Erfolgen, egal wie klein sie sind. Dann brauchen wir auch niemanden mehr, der uns anfeuert. Wenn noch mehr »Fans« am Start sind, top! Aber auf die bist du dann nicht mehr angewiesen, weil du selbst den inneren Antrieb produzierst und stabil stehst in dem, was du tust.

Baust du dein Business stattdessen wie ein eingeschüchtertes Reh auf, wird das nichts. Solange du dich so fühlst und verhältst, als hättest du Angst davor, dass jederzeit ein:e Vorgesetzte:r um die Ecke biegen könnte, um dir zu sagen, dass du einen schlechten Job machst und dafür völlig überbezahlt bist, kannst du nur scheitern. Wenn Selbstzweifel dich zerfressen, bist du gelähmt und dein Business stagniert. In so einer Situation bringt es dann auch nichts, wenn dein Partner oder deine Freundin dich anfeuert. Es ist ganz leicht, glücklich und zufrieden zu sein – auch nach außen – wenn dein Unternehmen gerade abhebt. Dann sind wir alle Highflyer, glücklich und dankbar. Aber wehe, es läuft nicht, dann kommen die Selbstzweifel und fressen so richtig viel von deiner Zeit, deiner Energie und dich von innen heraus auf, wenn du nicht aufpasst.

Zeit für einen Paradigmen-Shift

Deshalb brauchen wir einen Paradigmen-Shift, eine wirkliche Veränderung in der Wahrnehmung von uns selbst und in der kollektiven Selbstwahrnehmung von Frauen. Warum sehen wir uns nicht als starke, kraftvolle, intuitive und kreative Wesen, anstatt uns dafür zu verurteilen, emotional zu sein? Wenn wir schätzen, dass wir so eine Power in uns haben, dann wird das Außen nachziehen. Ich bin ganz fest davon überzeugt, dass wir die Gleichberechtigung und die finanzielle Gleichstellung in der Gesellschaft nur dann möglich machen, wenn Frauen ihrer Intuition vertrauen und in die Sichtbarkeit gehen.

Bei meiner Arbeit mit Selbständigen erlebe ich so oft, dass Frauen versuchen, nach außen die Bad-ass-Unternehmerin zu sein. Dann sagt der Partner oder Mann etwas Negatives und sie fallen um wie ein Kartenhaus. Ich empfinde das weder als authentisch noch als selbstbewusst. Vielleicht klingt das etwas hart, aber ich erlebe solche Situationen als Farce. Das passiert, wenn wir mit der Veränderungsarbeit im Außen anfangen, anstatt im Innen loszulegen. Damit das nicht immer wieder geschieht

– denn wie wir eine Sache machen, so gehen wir alle Sachen an – beginne deine Arbeit innen.

Warum wir nicht nur den Männern die Schuld geben können

Innen anzufangen bedeutet, Verantwortung für sich selbst und die eigene Situation zu übernehmen. Darin sind wir Deutschen und viele andere Europäer nicht besonders gut. Unsere ganze Gesellschaft hat das Jammern und Beschweren verinnerlicht – diese Opferrolle, die wir häufig einnehmen, ist kein Frauenthema. Wir leben in einem Sozialstaat. Das stützt diese Haltung zusätzlich. Schauen wir doch einmal nach Großbritannien oder in die USA. Dort ist das soziale Netz nicht so ausgeprägt wie bei uns. Dort glauben die meisten, dass jede:r in der Lage ist, aus eigener Kraft etwas zu bewegen. Das liegt nicht unbedingt daran, dass die Menschen dort von Natur aus anders ticken. Es heißt aber, dass die äußeren Voraussetzungen mehr Verantwortung erforderlich machen. Oder lass' uns die Schweiz anschauen. Dort herrscht in der Gesellschaft ebenfalls eine Selfmade-Einstellung vor. Die Schweizer sind stark auf Eigenverantwortung gepolt. Sie tragen Teile der Altersvorsorge und Krankenkassenbeiträge und sorgen zusätzlich auch eigenverantwortlich fürs Alter vor. Eine Kollegin von mir wollte beispielsweise, trotz Anspruch, partout kein Arbeitslosengeld beziehen, weil sie selbst die Entscheidung getroffen hatte, den Job zu verlassen. In Großbritannien und in den USA ist das Gesundheitswesen sehr viel privater organisiert. Ich möchte nicht behaupten, dass das besser ist. Das System spaltet die Gesellschaft sehr. Aber es erzieht die Bürger:innen zu mehr Verantwortung. Sie müssen sich selbst eine Krankenversicherung organisieren oder Geld auf die Seite packen, um Rechnungen aus der medizinischen Versorgung zu bezahlen. Oder bei der Einstellung die Forderung auf eine Krankenversicherungsleistung bei den Arbeitgebenden durchsetzen.

Wir Deutschen rufen, wann immer wir vor einem Problem stehen, nach dem Staat oder im Privaten dann nach den Eltern oder den Partner:innen. So werden wir von Kindheit an darauf trainiert, die Verantwortung bei anderen zu suchen und auf andere zu warten. Läuft etwas schief, halten wir das ganz weit von uns weg. Die Kita hat wegen Krankheit geschlossen: Hat der Staat wieder nicht genug Leute eingestellt. Was machen die eigentlich mit den ganzen Steuergeldern? Ich leide unter dem vielen Stress: Die Chefin hat mir wieder viel zu viel auf den Schreibtisch gepackt. Es gibt zu wenig Frauen in Führungspositionen: Die Männer lassen uns nicht zum Zug kommen.

Ich könnte hier Hunderte Beispiele aufführen. Aber du weißt sicher auch so, worauf ich hinaus will.

Du kriegst deine Selbständigkeit nicht in den Griff, hast zu wenige Kund:innen und zahlst viel zu viele Steuern? Dass wir uns einmal in so einer Situation befinden, kommt vor. Aber stopp! Fang' gar nicht erst an, jetzt deinen Partner, die Männerwelt oder das Patriarchat für diese »Misere« zu beschuldigen. Denn die Schuld auf andere zu projizieren, propagiert immer weiter ein Wir-müssen-gerettet-werden-Bild und zeigt: Alleine kriegen wir das nicht hin. Klar gibt es Männerseilschaften, natürlich gab es Gesetze, die den Frauen lange vieles vorenthielten. Doch darüber sind wir inzwischen einfach hinaus. Heute übernehmen wir alle Verantwortung. Und zwar, indem wir uns im Innern darum kümmern, dass wir die Klarheit bekommen: Was immer passiert, ich trage die Verantwortung. Im Umkehrschluss bedeutet das auch: Was immer ich erreichen möchte und wenn es sein soll, dass ich es erreiche, liegt sowohl der Weg als auch das Resultat in meiner Verantwortung. Das gilt ganz besonders für den Business-Kontext. Im Unternehmertum wird keiner kommen, der dir deine Entscheidungen abnimmt. Es wird niemanden geben, der deine Verantwortung trägt, wie das für Angestellte der Fall ist.

So ein Angestellten-Mindset wird dir für dein Business überhaupt nichts bringen. Mir ist aber vollkommen klar, dass es gar nicht so einfach ist, das abzulegen, wenn du lange angestellt warst. Mir ging es genauso. Ich habe tatsächlich versucht, mir exakt dieselbe Sicherheit zu gestalten, wie ich sie aus dem Angestelltenverhältnis gewohnt war. Sprich, ich wollte natürlich von Anfang an ein regelmäßiges Gehalt. Klar ist es wichtig, dass du dich für deine Leistung bezahlst. Aber du kannst nicht erwarten, dass du von Anfang an große Sprünge machen kannst. Das ist eher die Ausnahme.

In den Gesprächen, die ich mit meinen Coachees führe, kommt sehr oft genau dieses Thema aufs Tapet.

Viele sagen: »Ich will ein planbares, regelmäßiges Einkommen.« Darauf kann ich leider nur klar antworten: Dann lass dich wieder anstellen. Da kriegst du dein festes Gehalt immer zum selben Termin und kannst denken »nach mir die Sintflut«. Wenn du so in dein Business einsteigst, dann musst du schnell lernen, wirklich Verantwortung zu übernehmen und zu sagen: »Hey, ich bin Geschäftsführerin und in Personalunion Marketerin, Verkäuferin, Personalmanagerin und vieles mehr. Kurzum, ich bin für alles verantwortlich. Läuft meine Technik nicht, muss ich mich selbst drum kümmern, solange ich keine IT-Abteilung habe. Wenn ich als Kopf keine Ideen oder Themen oder Strategien »produziere«, dann macht es keiner. Dann brauche ich auch nicht meinem Webdesigner die Schuld daran zu geben, dass mir die Internetseite nicht gefällt, die er aufgrund meines nicht vorhandenen Briefings gebaut hat. Und außer mir trägt auch kein Mensch die Verantwortung dafür, wenn ich mir am Monatsende nicht das Geld auszahlen kann, das ich brauche, weil ich nicht genügend Kund:innen akquiriert habe.

Bitte reihe dich nicht ein in die Masse an Menschen, die auch in solchen Situationen in den Opfermodus schalten und jemand anderem die Schuld für ihre Situation geben: »Mein Partner hat mich mit den Kindern nicht genug unterstützt und ich hatte keine Zeit«, »Meiner Freundin ging es so schlecht, dass ich mich nonstop um sie kümmern musste«, »Mein Umfeld hat sowieso von Anfang an geglaubt, dass ich scheitere«. Das sind Ausreden. Tut mir leid, dass ich das so hart sagen muss. Immer dieses Gejammere über Schuld bringt keine:n weiter. Warum nur brauchen wir immer Schuldige? Unsere Partner mit in die Verantwortung zu nehmen, sieht für mich so aus, dass wir um Hilfe bitten, wenn wir sie nicht automatisch erhalten. Dazu gehört, dass wir offen, verletzlich und ehrlich teilen, was gerade in uns vorgeht, anstatt darüber bei der Freundin zu jammern. Und wenn es nicht gut läuft, dann ist das auch ok. Nicht um Hilfe zu bitten, bringt dich aber kein bisschen weiter. Ich kenne das von allem von uns Müttern, dass wir nicht gern nach Unterstützung fragen. Offensichtlich sind wir so erzogen, dass wir alles allein wuppen müssen. Höchste Zeit, dass wir lernen: Es geht auch anders.

Grenzen setzen und Hilfe suchen

Wir können, dürfen und müssen Grenzen setzen und um Hilfe bitten. Wie geht das? Das ist meine Lieblingsfrage. Weißt du, wie du das lernst? Indem du es einfach tust. Und das wird sich am Anfang richtig beschissen anfühlen. Wieder so ein Schuldding. Du fühlst dich schuldig, wenn du auf dich achtest, Grenzen setzt und Stoppschilder zu deinem eigenen Wohl aufstellst. Weg mit Glaubenssätzen wie »Ich muss alles allein schaffen« oder »Ich muss alles können«. Solange die sich bei dir festgesetzt haben, kostet es dich unglaublich viel Überwindung, um Hilfe zu bitten, und du wirst Emotionen erleben, die du nicht fühlen möchtest: Angst, Scham, Schuld ... Das können richtige Mindfucks sein, mit denen du zu kämpfen hast: »Was, wenn jetzt alle denken, dass ich allein nichts gebacken kriege?« oder »Was, wenn mein Partner glaubt, ich kann nichts?« oder »Was, wenn die Partnerin denkt, ich kann das nicht?« Gute Frage. Was ist dann? Du wirst es nie erfahren, wenn du es nicht tust.

Du brauchst Grenzen wie die Luft zum Atmen, sonst wirst du auch keinen Erfolg haben, sondern dich ständig aufreiben. Und zwar in allen Lebensbereichen. Wenn du einen Kloß im Hals hast, weil du etwas zusagst, das unrealistisch ist, wenn du dich bereit erklärst, etwas zu tun, bei dem dir schon beim Gedanken daran übel wird, sind das alles Red Flags. Du musst als Frau, als Mutter, als Arbeitgeberin, als Auftragnehmerin, als Partnerin und in vielen weiteren Funktionen immer sagen können: Bis hierhin und nicht weiter. Sonst ist dein Burnout vorprogrammiert oder eine andere körperliche Reaktion auf seelischen Stress. Im Privatleben fängt es an und im Business setzt es sich fort. Deshalb setze Grenzen, wo sie nötig und für dich wichtig sind. Auch wenn es am Anfang wehtut. Die Schmerzen verschwinden schnell, wenn du dich eingegroovt hast und den Benefit daraus erlebt hast.

Du wirst auf deinem beruflichen Weg im Wachstum immer wieder Menschen begegnen, die es, nennen wir es beim Namen, richtig scheiße finden, wenn du das machst. Die werden unzufrieden sein. Diese Kund:innen gibt es immer, egal wie sehr du dich aufopferst und auspowerst.

Wer unzufrieden sein möchte, ist es. Meiner Erfahrung nach sind aber diejenigen, denen du keine Grenzen setzt, oft auch diejenigen, die nicht genug bekommen können. Sie haben oft eine »Ich reiche dir die Hand und du reißt mir den Arm aus«-Mentalität. Gerade denen musst du klare Linien aufzeigen, die sie bei dir nicht überschreiten dürfen. Vielleicht wollen sie dann nicht mehr mit dir arbeiten. Fein. Es kommen andere, passende Kund:innen. Da kannst du dir sicher sein.

Deine Klarheit, deine Grenzen

Um in der Lage zu sein, diese Grenzen zu setzen und zu lernen, um Hilfe zu bitten, fängst du unbedingt auch wieder innen an. Sprich, du musst in dir Klarheit darüber erlangen, wo du deine Grenzen ziehst. Das erfordert ein hohes Maß, sich seiner selbst bewusst zu sein. Je klarer du bist, desto leichter fällt es dir, loszulegen. Dann heißt es, wie so oft: »Übung macht die Meisterin.« Fang klein an und frage zum Beispiel eine Freundin, ob sie dir etwas ausleiht, das dir das Leben erleichtert. Vielleicht ist es bei dir nicht so ausgeprägt, aber es gibt viele Menschen, die haben schon ein Problem damit, bei den Nachbarn zu klingeln und nach Zucker zu fragen, wenn sie backen wollen und feststellen, dass sie keinen mehr im Haus haben. Schon diese kleine Bitte um Hilfe gibt ihnen das Gefühl, versagt zu haben.

Mir ist es zum Beispiel schwergefallen, meinen Mann darum zu bitten, mich im Alltag mit den Kindern stärker zu unterstützen. Es fiel mir leichter, ihn anzumotzen, weil er sich nicht genug kümmert und so weiter, anstatt einfach zu sagen: »Bitte hilf mir. Ich gehe sonst unter.« Woran liegt das? Ich musste als Kind schon früh Verantwortung übernehmen. Vielleicht hat es mich deshalb so lange gestresst, als Erwachsene weiterhin diese Last zu tragen. Parallel habe ich sie, wohl aus Gewohnheit, ständig an mich gerissen. Das ist ein ganz schöner Teufelskreis. Der hat dazu geführt, dass ich oft maßlos überfordert war und alle um mich herum dafür fertig gemacht habe. Doch ich habe Verantwortung übernommen, geübt, um Hilfe zu bitten, und heute schaffe ich es, Grenzen zu setzen, auch mir selbst, und sie meistens nicht zu überschreiten.

Ich erinnere mich noch, als meine Tochter auf die Welt kam, musste ich meine Mutter um Unterstützung bitten. Das war das Schlimmste für mich. Ich hatte so viele Probleme mit dem Stillen und vielem anderen. Muttersein lernen wir ja nur, wenn wir es auch tatsächlich sind. Und wie so vieles, überfordert es uns am Anfang maßlos. Gibt es unter euch eine, die das mal eben so locker-flockig gerockt hat, ganz allein? Ich glaube kaum. Also ich jedenfalls habe unter großer Überwindung meine Mutter angerufen und gesagt: »Mama, bitte komm, ich brauche deine Hilfe.« Es gibt sicher Menschen, die auch dann nicht helfen, wenn du sie darum bittest. Das ist so. Aber wenn du nicht fragst, weil du tief in dir drin glaubst, du musst alles allein hinbekommen, dann wird dir in den seltensten Fällen jemand spontan beistehen. Die Leute um dich herum können ja keine Gedanken lesen. Ich dachte damals:

Ich bin Managerin in einem amerikanischen Großkonzern, da werde ich ja wohl so einen kleinen Säugling versorgen können. Aber ich war hoffnungslos überfordert. Das hat mich dann noch zusätzlich gestresst und dazu geführt, dass ich wütend war auf viele Menschen, dass ich kurz vor dem Zusammenbruch stand und zu vielen anderen Emotionen. Alles das wurde schnell besser, als meine Mutter wie selbstverständlich kam und mir geholfen hat. So oder so ähnlich wird es dir auch gehen, wenn du nur fragst und wenn du deine Grenzen kennst und klar kommunizierst.

Trigger me softly

Um zu wissen, wann du Grenzen setzt, musst du herausfinden, wo deine Triggerpunkte liegen. Ich glaube, dass es vor allem andere Frauen sind. Dass wir glauben, dass diese scheinbar perfekte Welt, die wir von außen sehen, der Realität entspricht. Wir sind so unglaublich gute Schauspielerinnen, wenn es darum geht, anderen etwas vorzumachen. Dieses Bild, das die Gesellschaft von uns zeichnet – also zumindest zu 50 Prozent wir Frauen selbst, wir sind ja ein großer Teil dieser Gesellschaft – ist so falsch:

1. Wir müssen alles allein schaffen, natürlich ganz locker-flockig und ohne je Schwächen zu zeigen.

2. Wir müssen die perfekte Partnerin sein. Genauso wie die Nachbarin. Da läuft alles super. Sieht man doch.

3. Wir müssen Kinder kriegen, aber ja nicht zu viele. Das ist dann auch wieder nichts. Wir müssen die perfekte Hausfrau sein, aber wenn jemand hinsieht, so aussehen, als ob wir gerade der aktuellen Vogue entstiegen wären.

4. Wir müssen die perfekte »Hure« im Bett sein – angepasst an die Wünsche unserer Partner:innen.

5. Wir müssen die perfekte Angestellte oder Chefin sein, dürfen niemals Fehler machen, sollen anderen aber ihre Unzulänglichkeiten zu jeder Zeit nachsehen.

6. Wir müssen jedem Vergleich standhalten.

7. Wir müssen – ich habe bestimmt was vergessen. Fühl dich frei, diese Liste zu ergänzen. Oder vielleicht lieber nicht.

Denn, nein, das müssen wir nicht. Einerseits haben Ideale und auch Vergleiche den Vorteil, dass wir uns dabei selbst gut kennenlernen. Andererseits erzeugen diese ganzen gefakten Vorzeigebilder nur unnötigen Stress und sorgen dafür, dass wir uns selbst oder gegenseitig zerfleischen. Ich habe in einer Sportmarketingagentur in London gearbeitet, die sich um die Formel 1 gekümmert hat. Und danach ging ich in eine Münchener Eventagentur. Die Geschäftsführer waren Männer, alle, die darunter angesiedelt waren, Frauen. Da ist es abgegangen, du machst dir kein Bild. Es herrschte Zickenkrieg nach Lehrbuch. Die Frauen haben sich gegenseitig kleingemacht, bei jeder Gelegenheit niedergekämpft und sind übereinander hergezogen. Unglaublich! Ich bin ganz oft mit anderen Frauen aneinandergeraten, weil ich eben nicht so eine Frau bin und weil ich gern andere Frauen unterstützt habe. Das ist häufig auf völliges Unverständnis gestoßen. Oder sogar auf Misstrauen: Stell dir vor, die anderen haben gedacht: »Wie, du supportest mich, wie kann das sein? Da ist doch was im Busch.«

Zurück zum Frauenzirkel

Ich glaube trotzdem daran: Wenn wir Frauen uns zusammentun, entsteht Magie. In dieser Hinsicht können wir sogar jede Menge von den Männern lernen. Die machen es uns vor. Schau dir zum Beispiel den Lions Club an oder die Rotarier oder andere Konglomerate, in denen Männer zusammenkommen. Oder im Business-Kontext sind das die Masterminds, in denen wirklich Austausch stattfindet. Die befeuern sich darin alle gegenseitig. Wie großartig ist das denn? Und genau so einen Austausch wünsche ich mir auch in der Frauenwelt. Dann hält uns niemand mehr auf. Klar gibt es auch immer Ausnahmen. Aber die bestätigen die Regel. Frauenzirkel gab es schon früh in der Geschichte. Und darin halfen sich alle gegenseitig. Die Frauen haben sich umeinander gekümmert. Wenn Kinder geboren wurden, war klar, dass sich die Frauen supportet und ihr Wissen weitergegeben haben. Ein tolles Beispiel! Es wäre so schön, wenn wir damit aufhören, wie die Hyänen übereinander herzufallen, wann immer wir eine Gelegenheit dazu wittern. Ich erlebe gerade selbst in einer Mastermind, wie toll diese gegenseitige Rückendeckung sein kann. Wir befruchten uns gegenseitig und halten einen wunderbar respektvollen Umgang miteinander. Hier wird der Paradigmenwechsel, den ich angesprochen habe, voll gelebt. Alle Frauen darin haben verstanden, wie der Wandel von innen nach außen funktioniert. In dem Moment, in dem eine andere Frau nicht mehr als Bedrohung wahrgenommen wird, erkennen wir, wie viel weiter wir kommen können, wenn wir es gemeinsam angehen. Das hat fast unendliches Potenzial nach oben, wenn wir aufhören, uns zu misstrauen und zu glauben, dass wir uns etwas wegnehmen. Ich bin der Überzeugung, es ist genug für alle da. Besser, wir sind ehrlich zueinander und geben zu, wenn es mal nicht so läuft. Wenn du diese Hürde einmal übersprungen hast und in einem Business-Netzwerk um Hilfe bittest, wirst du überrascht sein, wie viel zurückkommt. Wenn du in so ein Netzwerk eintrittst, frage dich: Was kann ich zu dieser Gemeinschaft beitragen? Ich glaube fest an Karma. Alles, was du gibst, wird zu dir zurückkommen.

Wenn wir alle zusammenhalten, dann können wir alles schaffen. Denn das ist möglich. Das sagt ja schon mein Buchtitel. Aber NIEMALS wirst du alles allein schaffen. Oder zumindest nicht, wenn du bei Verstand und bei Gesundheit bleiben möchtest. Oder wenn du nicht irgendwo einen Druiden hast, der dir einen Zaubertrank à la Asterix und Obelix, zusammenmischt, der dich zur Superwoman werden lässt. Wenn das so ist, dann gib mir und allen anderen bitte etwas davon ab. Das würde uns das Leben sicherlich leichter machen. Bis es so weit ist, lass uns zusammenhalten, uns unterstützen, uns feiern und uns freundlich, neidlos und großzügig begegnen. So kann jede von uns von innen nach außen ihre eigene, ganz persönliche, authentische Personal Brand entwickeln.

Einführung ins authentische Personal Branding

Im Vorwort habe ich dir versprochen, dass ich dir dabei helfe, deine eigene Personal Brand aufzubauen. Von jetzt an löse ich dieses Versprechen ein. Ich zeige dir im ersten Schritt, was ich genau meine, wenn ich von deiner Personenmarke spreche und warum sie so wichtig für dein ganzes Leben ist. Du liest richtig. Es geht dabei nicht nur darum, dich als authentische Personal Brand im Berufsleben zu positionieren. Denn diese Marke, über die ich spreche, ist Teil deiner Persönlichkeit. Diese Persönlichkeit und alle Werte, die dazugehören, verkörperst du ja nicht nur im Job. Die bist du in deinem ganzen Leben. Und darum geht es mir. Ich möchte dir zeigen, dass alles im Leben, was du dir wünschst, nur dann nicht mit Leichtigkeit zu haben ist, wenn du glaubst, dass es schwierig ist. Lass uns deshalb gemeinsam weiter an deiner Haltung zu dir selbst arbeiten und dem, wie du nach außen hin auftrittst, an deiner authentischen Personal Brand.

Was genau ist denn eine Personal Brand?

Stell dir das so vor: Jede:r von uns hat einen individuellen, unverkennbaren Fingerabdruck, mit dem wir identifizierbar sind. Genauso verhält es sich mit einer Personal Brand. Sie ist sozusagen dein Charakterabdruck, eine einzigartige Spur, die du in der Welt hinterlässt. Amazon-Gründer Jeff Bezos sagt: »Marke ist das, was andere über dich sagen, wenn du nicht im Raum bist.«. Ich finde, das ist nur ein Teil der Wahrheit. Denn das, was andere über dich sagen, hat viel mit dem zu tun, was andere über sich selbst denken, welche Werte, welche Ideale sie leben. Ich glaube, deine authentische Personal Brand ist die Erinnerung, die du bei anderen hinterlässt, inklusive deiner Geschichte, deiner Werte und deiner Persönlichkeit – also das, was Menschen fühlen, wenn du den Raum verlassen hast. Dieses Vermächtnis, kannst du steuern, indem du dich fühlst, definierst, dich kennst und deine Werte im Business und im Privaten lebst und auch nach außen hin zeigst.

Von Walt Disney zu dir

Jemand, der das par excellence tat, war Walt Disney. Ich hatte ja bereits erwähnt, dass ich ein riesiger Disney-Fan bin. Deshalb ziehe ich Walt hier noch einmal als Beispiel heran. Er ist für mich der Prototyp für eine gelungene Personal Brand. Sein Name steht nicht nur für zeitlose Filme, die die zeitgenössische Gesellschaft in Ton, in Bild und vor allem inhaltlich widerspiegeln. Walt Disney repräsentiert auch die starke Personal Brand des Firmengründers, die bis heute nachwirkt. Ich weiß, er war nicht der Netteste – er hatte Fehler und Unvollkommenheiten. Aber er hat ein Imperium geschaffen, das sich ständig neu erfindet, und doch immer seinen Kern bewahrt. So mächtig kann eine Personal Brand sein, sogar über den Tod des Menschen hinaus. Das zeigt die Kraft einer Vision, einer Mission. Sein »Warum« war so tief und stark, dass es sein eigenes Leben überdauerte und zur »Legacy«, also seinem Vermächtnis, wurde. Das ist der Kern einer Personal Brand. Der Impact, den du hinterlassen willst.

Warum Authentiztät so wichtig ist?

Wir stecken mitten in einer digitalen Revolution. Im Grunde gibt es nichts, was es im Internet nicht gibt, besonders in den Sozialen Medien. Und wie schon zu deutlich analogeren Zeiten, möchte jede:r etwas vom Kuchen abhaben. Heißt im Klartext: Der Kampf um digitale Sichtbarkeit ist voll in Gange. Menschen ertrinken in einer Flut von Informationen. Umso schwieriger ist es, überhaupt potenzielle Kund:innen zu erreichen. Das ist für uns alle einerseits eine große Herausforderung. Aber darin steckt auch eine unfassbare Chance. Ich glaube fest daran, dass jede:r Sichtbarkeit erzielen und damit Anfragen aus der perfekten Zielgruppe von vielen Menschen bekommen kann. Und zwar über Authentizität. Denn eine wahrhaftige Personal Brand strahlt Echtheit und Glaubwürdigkeit aus – wie ein Leuchtturm durchdringt sie das Meer aus Lichtern. Diejenigen, die authentisch sind, die ihre wahre Geschichte und ihre Werte teilen, die leuchten in diesem

Informationsmeer. Sie werden gesehen, obwohl täglich neue Marken und Unternehmen aufpoppen, die alle versprechen, »das nächste große Ding« zu sein.

Wer in diesem Umfeld herausstechen möchte, setzt auf Authentizität. Oberflächlichkeit ist einfach so von gestern. Menschen suchen nach Echtheit, nach ehrlichen Geschichten, echten Emotionen und wahren Verbindungen. Denn sie wollen nicht nur Produkte oder Dienstleistungen kaufen. Sie suchen nach Marken, mit denen sie sich identifizieren können. Marken, die Geschichten erzählen, die sie berühren und in denen sie sich wiederfinden. Sie brauchen Vertrauen, das durch Glaubwürdigkeit aufgebaut wird. Eine starke Personal Brand hilft, dieses Vertrauen durch Konsistenz in deinen Handlungen, deinen Worten und deinem Auftreten zu festigen.

Wie du authentisch bist und bleibst

Authentizität in der Markenbildung bedeutet aber nicht nur, dass du »echt« bist oder »du selbst bleibst«. Es geht darum, tief in dich einzutauchen, die Essenz dessen, was du bist und wofür du stehst, herauszufinden und diese Botschaft mit der Welt zu teilen. Du zeigst dich verwundbar, transparent und auch in schwierigen Momenten. Denn Konstanz sorgt für Sichtbarkeit – Authentizität dafür, dass diese Sichtbarkeit nachhält. Mir ist völlig klar, dass es viel Mut erfordert, deine Wahrheit zu teilen, vor allem wenn sie total unvollkommen ist. Wenn du das schaffst, wirst du glänzen, egal wie viele neben dir ihre Fahne hochhalten.

Du und deine authentische Personal Brand werden ein Leuchtturm sein und Orientierung bieten, die die richtigen Menschen magnetisch anzieht.

Die Magie deiner authentischen Personal Brand

Deine Wunschkund:innen, die deine individuelle Stimme und Persönlichkeit suchen, sind bereits irgendwo da draußen. Um sie zu erreichen, gehst du deinen Weg von innen nach außen, um dir Beziehungen und Geschäftsmodelle aufzubauen, die ausschließlich deinen Regeln folgen. Und ich halte es für essenziell wichtig, dass du erkennst: Ein erfolgreiches Business und dein persönliches Glück sind keine gegensätzlichen Konzepte. Verbinde beides über eine Brücke, mit der du dich gut fühlst. Das ist nicht nur möglich, sondern dein »Geheim«-Rezept.

Der Club der Business-Ikoninnen

Mir ist vollkommen klar, dass das alles bis hierhin noch ziemlich abstrakt klingt. In der Welt des Unternehmertums begegnen uns zahlreiche unterschiedliche Charaktere und Persönlichkeiten, alle mit einzigartigen Stärken, Schwächen und Herangehensweisen. Einige sind von ihrer sanften und empathischen Natur geprägt, während andere durch ihr Feuer und ihre Ambition hervorstechen. Wiederum andere sind durch ihre Liebe zu Strukturen und Planungen definiert, und manche leben einfach für den Moment und das Vergnügen. Es ist faszinierend, wie diese individuellen Persönlichkeiten ihren Weg im Business navigieren, wie sie mit Herausforderungen umgehen. Und von jeder von ihnen kannst du lernen. Ich habe dir hier beispielhaft vier Frauentypen – ich nenne sie Business-Ikoninnen[4] – zusammengefasst, die dir zeigen, wie authentisches Personal Branding in der Praxis funktioniert. Zur Charakterisierung nutze ich unter anderem das DISG®-Modell, basierend auf einem weit verbreiteten Persönlichkeitstest. Mir ist wichtig, dass es hierbei nicht um eine Bewertung geht. Alles, was ich hier schreibe, dient ausschließlich der Identifikation von Personal-Brand-Typen. Denn, wenn du dich besser einordnen kannst, fällt dir Veränderung leichter. Und es zeigt, dass du, unabhängig vom Typ, deine ganz eigene authentische Personenmarke aufbauen kannst. Wir tragen alle Anteile der vier Business-Ikoninnen in uns. Wenn du erkennst, welcher Anteil bei dir am ausgeprägtesten ist, dann bist du in der Lage, die weniger dominanten Bereiche zu stärken. So als ständen dir diese Ikoninnen als Freundinnen immer zur Seite, um für Ausgleich und Wandel zu sorgen. Außerdem kannst du dich dadurch gezielt in deinem Netzwerk nach Menschen umschauen, die dich gut ergänzen.

Business-Ikonin 1: »Die verträumte Prinzessin« (die Grüne)

Sie gehört zu den ausgeglichenen Menschen, die sehr liebevoll mit anderen umgeht. Das liegt auch daran, dass sie sehr harmoniebedürftig ist und sehr empathisch. Sie mag einfach keine Konflikte. Treten sie doch einmal auf, reagiert sie emotional und verletzlich. Sie ist zum einen ein scheues Reh, zum anderen fällt es ihr wahnsinnig schwer, Grenzen zu setzen. Ihr Umfeld im Gegenzug übertritt deshalb oft ihre unsichtbaren Linien. Wie sollen sie diese auch sehen, wenn die Prinzessin es nicht schafft, sie zu ziehen. Wenn du eine Netzwerkerin suchst, die das Wohl anderer stets vorne anstellt, dann wirst du in ihr fündig, solange sie sich nicht aus ihrer Komfortzone bewegen muss. Sie lebt die Werte Liebe, Harmonie, Vertrauen und Beständigkeit und bewegt sich gern innerhalb der Bubble, die sie kennt. Es braucht viel Überredungskunst, um sie nach draußen zu schubsen. Denn sie unterschätzt ihr eigenes Potenzial oft immens.

Sie glaubt noch an das Märchen vom Ritter in glänzender Rüstung. Ob in Form eines Business Coaches, eines Partners oder einer Mastermind-Kollegin. Sie wartet auf die eine magische Zutat, die sie erfolgreich machen wird, und erkennt nicht, dass sie bereits alles in sich trägt. Viele negative Erfahrungen haben sie vorsichtig werden lassen und sie hat gelernt, nicht aufzufallen. Das nette Mädchen von nebenan spielt ein wenig Unternehmerin, teilt weichgespülte Inhalte und will von allen gemocht werden. Dabei vergisst sie aber, dass sie ihre Einzigartigkeit für die richtigen Menschen und Kundinnen liebenswert macht und sie sehr wohl in der Lage ist, ein mega erfolgreiches Business aufzubauen, mit dem sie richtig Geld verdient. Denn so kann sie viel mehr Menschen helfen und ihre altruistische Ader noch stärker leben.

An welchen Lügen scheitert das bislang?

Sie ist ein bisschen »Everybody's Darling« – jeder mag sie. Wenn's schwierig wird, ist sie der ausgleichende Pol. Und trotzdem verkauft sie sich häufig so schlecht, dass andere ihr Potenzial leicht verkennen. Das liegt aber an ihr selbst. Denn sie glaubt selbst nicht so richtig an ihre Magie. Im Gegenteil. Sie ist überzeugt: Ich kann das nicht allein. Außerdem macht sie sich viel zu sehr von dem abhängig, wie es anderen geht, weil sie glaubt: Mir geht es nur gut, wenn es den anderen gut geht. Kein Wunder, dass keine:r weiß, was in ihr steckt. Denn nur ganz wenige dringen überhaupt zu ihrem Kern vor.

Ausrede und Kompensation

Sie hat sich im Grunde damit abgefunden, dass der große berufliche Erfolg ausbleibt und arrangiert sich in ihrer Rolle. Eine Ausrede unterstützt sie dabei maximal: Ich brauche keinen Erfolg, Hauptsache ich werde geliebt. Als Kompensation bildet sie sich permanent weiter. Sie kauft Kurs um Kurs und weiß immer mehr. Denn sie ist voll dabei, wenn es ums Lernen geht. Aber sie setzt einfach nicht um, weil sie sich nicht genug zutraut: klassisches Imposter-Syndrom.

Hast du ein Bild vor Augen? Für mich ist Charlotte York aus der Serie »Sex and the City« der Protoyp dieser verträumten Prinzessin. Kennst du sie? Sie ist die jüngste eines Vierergespanns von Freundinnen, die in ihren 30ern das New York der 1990er Jahre erleben. Jede von ihnen verkörpert eine einzigartige Ikonin – im Privaten, aber auch im Business. Die Drehbuchschreiber haben den Figuren eine unglaubliche Authentizität verpasst, die sie alle auf ihre eigene Art und Weise zur Personal Brand gemacht haben. Millionen Frauen identifizierten sich mit den Ladies und tun es noch immer. Grund genug für mich, sie als nachvollziehbare Beispiele für authentische Personal Brands zu nutzen. Ganz besonders, weil ich die Serie und die Damen unglaublich liebe. Ich war selbst Teil des New Yorks der 1990er und habe das, was viele an ihren TV-Bildschirmen gesehen haben, hautnah miterlebt.

Übrigens, falls du die Serie nicht kennst, ist das auch kein Problem. Du wirst trotzdem alles nachvollziehen können. Vielleicht machen dir meine Beschreibungen ja sogar Lust darauf, mal reinzuschauen. Also lass uns weitermachen mit der Vorstellungsrunde.

Business-Ikonin 2:
»Die abenteuerlustige Macherin« (die Rote)

Sie zählt zu den ehrgeizigen Menschen, glänzt durch Ambition und Zielstrebigkeit. Was sie sich vornimmt, setzt sie um – ohne Wenn und Aber. Mit einer fast unglaublichen Willensstärke schreitet sie dann mutig voran. Wenn die anderen einmal nicht hinterherkommen, wird sie schnell ungeduldig. Schwäche gibt es in ihrer Welt einfach nicht. Schließlich verdient sie nur das Beste und das erwartet sie auch von ihrem Umfeld, selbst wenn es die Menschen, die ihr folgen, maßlos überfordert. Denn Probleme sieht sie nur als Herausforderungen, für die es gilt, schnell eine Lösung zu finden. Wenn es mal etwas länger dauert, kann sie durchaus ungemütlich werden, herrisch und auch ruppig rüberkommen. Denn genau so, wie sie sich selbst ausbrennt, verschließt sie auch die Ressourcen ihres Umfelds. In ihr brodeln ein unbändiges Feuer und die Leidenschaft für ihre Themen. Niemand kann andere so sehr mitreißen wie sie. Doch manchmal raubt das ihren Klient:innen und auch ihr selbst den Atem.

Aber sie erntet stets Erfolg, Anerkennung und Wohlstand, alles Selbstverständlichkeiten, die sie wie die Luft zum Atmen braucht. Es sei denn, sie verliert das Interesse – was durchaus einmal passieren kann. Nachhaltige Aktivitäten im Business? Fehlanzeige. Dafür weiß jeder bei ihr immer, woran er ist. Sie nimmt nie ein Blatt vor den Mund, redet stets Klartext und polarisiert damit immer wieder. Aber das geht ihr schlichtweg am Allerwertesten vorbei.

Sie macht ihr Ding und wer nicht dabei sein will, der hat eben Pech gehabt.

An welchen Lügen scheitert sie immer wieder?

Der abenteuerlustigen Macherin ist klar: Keine:r ist so gut wie ich. Also ist sie überzeugt, lieber alles allein zu machen. Keiner weiß besser als sie, wie der Hase läuft. Und das ist manchmal wahr, aber eben häufig auch eine Illusion. Die Welt dreht sich tatsächlich ohne sie weiter, auch wenn sie daran nicht so richtig glaubt. Sie arbeitet hart für ihr Geld und ist überzeugt: Geld regiert die Welt. Doch um das zu bekommen, was sie will, geht sie leider auch mal über Leichen. Selbst wenn das gar nicht nötig ist.

Ausrede und Kompensation

Durch ihren Drang nach vorne wirkt sie oft distanziert. Irgendwie gehört es auch zu ihrem Image, die meisten Menschen immer auf einer Armlänge Abstand zu halten. Ihre Ausrede? Wozu soll ich mein Herz öffnen, wenn nur Strategien wirklichen Erfolg bringen. Es gibt sowieso niemanden, der großartiger ist als sie selbst. Ausnahmen bestätigen die Regel. Die mangelnde menschliche Nähe kompensiert sie daher mit permanenter Arbeit. Sie ist ein totaler Workaholic und braucht den ständigen Hustle. Sie gibt einfach Vollgas. Kein Zaun und keine Wand können sie aufhalten.

Na, welcher Charakter kommt dir bei dieser Beschreibung in den Sinn? Für mich verkörpert Samantha Jones, die brillante, aber rastlose PR-Agentin aus »Sex and the City« eins zu eins die abenteuerlustige Macherin. Sie könnte dieser Business-Ikonin Modell gestanden haben. Auch sie setzt all ihre Wünsche durch. Aber wehe, wenn es mal nicht so läuft, wie sie will. Dann dreht sie erst richtig auf.

Business-Ikonin 3: »Die analytische Kämpferin« (die Blaue)

Sie hält sich selbst für eine Realistin – andere sehen in ihr hingegen oft eine Schwarzmalerin. Kaum jemand organisiert sich so gut wie sie. Aber sie braucht in jedem Fall ein großes Maß an Sicherheit, um sich frei zu fühlen. Das macht sie häufig ein bisschen unflexibel und zynisch. Doch sie steht in jedem Fall mit beiden Beinen fest auf dem Boden, selbst wenn sie High Heels trägt. Auf die Kämpferin kann man sich immer verlassen. Sie ist für Menschen, die ihr wichtig sind, ein Fels in der Brandung. Schwierig wird es nur, wenn sie spontan agieren muss. Denn das ist sie nur dann, wenn du ihr vorher und rechtzeitig Bescheid sagst. Deshalb liebt sie es auch, Checklisten zu schreiben, stets Pro und Contra abzuwägen und alles im Vorfeld bis ins Detail zu planen.

Ihr Job ist ihre Bibel und was sie auch anfasst, sie performt richtig gut. Komplexe Zusammenhänge erfasst sie in kurzer Zeit, wobei ihr die Fähigkeit zum strukturierten Denken enorm hilft. All das liegt innerhalb ihrer Komfortzone und darin möchte sie auch gern bleiben. Veränderungen sind nicht so ihr Ding, obwohl sie sich nie vor Arbeit scheut. Schließlich darf gern alles seine Ordnung haben. Bis sie vor einer Planänderung steht. Abweichungen bringen ihr zu viel Chaos mit sich. Damit auch alle anderen dem Plan folgen, sagt sie immer klar, was sie will und worauf es ihr ankommt. Für Smalltalk und langes Drumherumgerede hat sie wenig übrig und auch keine Zeit. Wer damit nicht klarkommt, hat eben Pech gehabt. Da kann sie ziemlich unnachgiebig sein. Und das ist sie vor allem zu ihrem eigenen Schutz. Denn innen drin macht ihr viel mehr Angst, als sie je zugeben würde. Deshalb braucht sie stets eine Struktur, an der sie sich verbissen festklammern kann. Manchmal möchte man ihr zurufen, was John Lennon sagte: »Leben ist das, was passiert, während wir damit beschäftigt sind, andere Pläne zu schmieden.« Oder, ich ergänze: To-do-Listen abzuhaken.

Welche Lüge redet sie sich ein?

Sie glaubt ganz fest daran, dass Regeln, Strategie und Struktur völlig ausreichen, um erfolgreich zu sein. Wenn sie sich Punkt für Punkt an die Vorgaben hält, kommt keiner drum herum, zu sehen, wie großartig sie ist. Ihre Prozesse sind sozusagen unfehlbar. Diese Prozesse überträgt sie auch ins Private. Sie selbst nutzt ihren Regelkatalog, um sich durch ihr Privatleben zu navigieren. Dann wird sie von allen Seiten geliebt, davon ist sie überzeugt. Da sie aber auch anderen nicht gern erlaubt, vom vorgegebenen Weg abzuweichen, kommt sie oft als Klugscheißerin oder

Besserwisserin rüber oder als zu »picky«. Allerdings behält sie tatsächlich meist den Überblick und den Durchblick und weiß, was zu tun ist, solange es in einem Prozess festgehalten wurde. Jeden Mangel an Struktur macht sie für Niederlagen verantwortlich und das animiert sie nur noch mehr, sich in die Arbeit zu stürzen. Denn wenn sie die Vorgaben alle einhält, kann ja nichts mehr schiefgehen.

Ausrede und Kompensation

Da sich die Welt immer weiterdreht, versucht sie stets jedes Chaos in Struktur zu verwandeln. Wenn sie was nicht abkann, dann ist das ein Tohuwabohu. Chaos bedeutet für sie Untergang. Sie kompensiert deshalb alles mit ihrer Strukturbesessenheit und hält sich darin für unfehlbar. Ihr Credo: Allem liegt ein Plan und eine Struktur zugrunde und sie findet beides. Die Wissenschaft gibt ihr recht und sie selbst glaubt nur an das, was sie sehen kann. Trotzdem stolpert sie das ein oder andere Mal über ihre eigenen Pläne. Doch sie kann einfach nicht anders. Und wenn es privat nicht läuft, verkriecht sie sich eben in ihrer Arbeit und ist am glücklichsten, wenn sie Punkte abhaken kann und Lob von außen erhält. Das ist handfest und belegbar.

Wer ist wohl der Prototyp für diese Business-Ikonin? In meinen Augen ist es Miranda Hobbs, die scheinbar unfehlbare, rothaarige Anwältin aus »Sex and the City«. Sie ist bekanntermaßen Workaholic und liebt ihre Pro-Kontra-Listen. Selbst als es darum geht, ob sie ihrem Ehemann Steve einen Seitensprung verzeihen soll, wägt sie Pro und Kontra gegeneinander ab. Sie kämpft immer wieder gegen Vorurteile, unter denen sie in der männerdominierten Anwaltswelt der 1990er leidet. Denn als sie ungewollt schwanger wird, geraten ihre Pläne völlig durcheinander und selbst ihre Strukturen sind plötzlich fremdbestimmt.

Business-Ikonin 4: »Die kreative (Party-)Queen« (Die Gelbe)

Ihr Name ist Programm: Die Party-Queen schwebt durchs Leben – im Business und privat. Sie liebt es einfach, Spaß zu haben, lässt sich superleicht begeistern und tanzt gerne auf allen Hochzeiten gleichzeitig. Ihr Lebensmotto: Wenn es keinen Spaß macht, ergibt es keinen Sinn. Alles, was sie erlebt, verarbeitet sie kreativ – in Texten, Bildern, Musik – was auch immer ihren Talenten entspricht. Man könnte meinen, Spontaneität wäre für sie erfunden worden. Sie ist einfach ein Sonnenschein – immer gut drauf, solange sie sich nicht langweilt. Trotzdem ist sie eine treue und aufopferungsvolle Freundin und Partnerin. Oft steht sie im Mittelpunkt des Geschehens. Ihre Stärke ist das Netzwerken und Zusammenhalten verschiedener Menschen und Gruppen, die sie gern um sich schart. Sie schlichtet gern Streit, solange sie nicht involviert ist. Wenn sie aber doch einmal ins Fadenkreuz gerät, sucht sie schnell das Weite. Konflikte sind nichts für sie. Herausforderungen hingegen stacheln sie an.

Schlechte Phasen erlebt sie nur selten. Und wenn, ist das ihrer starken Emotionalität geschuldet. Dann kann sie schon einmal in ein ganz tiefes Loch fallen, das aber selten länger als ein paar Stunden oder Tage anhält. Dafür ist sie einfach zu neugierig und lebenshungrig. Ihre Nemesis: Monotonie und das Abarbeiten von To-do-Listen. Deshalb braucht sie im Job immer wieder neue Tätigkeiten, immer wieder neue Themen, die sie kitzeln. Alles weitere lässt sie, ohne darüber nachzudenken, einfach liegen. Alles, was ihr unangenehm ist oder ihr auf die Nerven geht, blendet sie einfach aus. Manchmal scheint sie nicht von dieser Welt zu sein. Auf ihrem Schreibtisch und auch in ihrem E-Mail-Postfach stapeln sich ungelesene Briefe. Doch die sieht sie gar nicht. Außerdem neigt sie zur Verschwendung. Denn sie mag es gern teuer und exklusiv. Aber auch Einfaches kann sie begeistern, wenn es nur nicht langweilig ist.

Welche Lügen erzählt sie sich?

Nur, wenn etwas Spaß macht, ergibt es auch einen Sinn. Ein Leben lang immer dasselbe tun? Niemals! Prozessen und Strategien folgen? Wie soll das denn funktionieren? Am liebsten lebt sie in den Tag hinein. Ihr Ruhebedürfnis scheint nicht existent zu sein. Wofür Me-Time, wenn es We-Time gibt. Sie könnte ja etwas verpassen. Und das passiert ihr sicher nicht. Sie ist ja keine Langweilerin, die immer wieder denselben Abläufen folgt. All das dient auch der Ablenkung von sich selbst. Ihre Power und Partylust hält sie davon ab, über sich und ihr Leben nachzudenken.

Oder einmal wirklich herauszufinden, was sie will. Denn viel mehr als alles andere, möchte sie auffallen und gefallen.

Ausrede und Kompensation

Durch ihre Sprunghaftigkeit und Verrücktheit rutscht ihr einiges durch. Das meint sie gar nicht böse. Sie ist einfach so. Abgabetermine hält sie beispielsweise für optional und verpasst diese regelmäßig. Darauf angesprochen, kompensiert sie mit Sätzen wie »Das wollte ich gerade erledigen«. oder mit einem umwerfenden Lachen. Sie kann aber auch selbstironisch sein und nimmt ihre Unzulänglichkeiten gern auf die Schippe. Kein Wunder, dass ihr so viele so schnell verzeihen, selbst wenn sie ihre Unpünktlichkeit und ihr Chaos an den Rand des Wahnsinns treiben. Wenn's doch einmal unangenehm wird, kontert sie mit Humor oder einer lustigen Geschichte, die erklärt, wie es überhaupt erst zu ihrer schwierigen Situation kommen konnte.

Wahrscheinlich hast du es bereits erraten: Carrie Bradshaw, die Hauptfigur aus »Sex and then City«, schreibt beziehungsweise erzählt Geschichten aus ihrem Leben und aus dem Leben ihres Umfelds. Sie passt für mich wie die Faust aufs Auge zur kreativen Party-Queen. Als Kopf der Vierertruppe scheint sie es am leichtesten zu haben. Und durch das Schreiben hat sie auf jeden Fall einen kreativen Weg gefunden, ihr Leben, zahlreiche Unwägbarkeiten und ihre Schwierigkeiten zu verarbeiten. Ihre Sorglosigkeit besticht, ihre Flatterhaftigkeit sorgt regelmäßig für

Kummer. Aber sie steht immer wieder auf, egal was ist. Und sie lässt sich in ihrer Persönlichkeit niemals einschränken. Wenn's den anderen nicht gefällt, macht sie das eben heimlich, damit sie Konflikten aus dem Weg gehen kann.

Vier Figuren – eine Gemeinsamkeit: Die authentische Personal Brand

Was haben all diese Figuren gemeinsam: Eine ausgeprägte und starke Personal Brand. Sie leben ihre Wahrheit und Persönlichkeit, sind dabei voll und ganz in ihrer Kraft. Sie ziehen Menschen an wie ein Magnet und werden als Vorbilder und Leaderinnen gesehen, die unerschütterlich vorangehen und andere inspirieren. Das macht jede einzelne von ihnen besonders und jede trifft den Nerv einer Interessengruppe. Jede von ihnen möchte alles vom Leben haben, alle auf ihre eigene Weise. Und das kannst du auch. Ich versichere dir, deine Zeit kommt, wenn du dein Leben von innen nach außen gestaltest und deine Persönlichkeit zur authentischen Personal Brand machst – ohne Kompromisse.

Warum du das unbedingt tun solltest?

1. Authentizität zahlt sich aus

Durch deine Einzigartigkeit stichst du aus der Masse von Kopien heraus. Wenn du authentisch bist, vertrauen dir die Menschen schneller, weil sie wissen, was sie kriegen.

Dieses Vertrauen ist die Basis jeder erfolgreichen Beziehung und jedes Geschäfts.

2. Freiheit

Mit einer starken Personal Brand kannst du dir dein eigenes Business nach deinen Wünschen gestalten. Keine Kompromisse. Nur das, was du wirklich willst und was deinen Werten entspricht. Das wiederum schafft dir mehr Freiheit, um dein Leben genauso zu gestalten, wie du es für richtig hältst.

3. Vorbildfunktion

Indem du zeigst, dass es möglich ist, erfolgreich zu sein, ohne sich selbst zu verleugnen, inspirierst du jüngere Generationen von Frauen, dasselbe zu tun.

TEST

Welcher Business-Ikonin entsprichst du am ehesten? Mach den kostenlosen Test:

Typ 1: Worauf du achten darfst, wenn du überwiegend der Prinzessinnen-Typ bist?

Wenn du überwiegend die verträumte Prinzessin bist, ist der wichtigste Aspekt, deine eigenen Grenzen zu kennen und sie auch zu setzen. Lass dich nicht immer von anderen einspannen, sondern nutze deine umfangreichen Netzwerke auch einmal für dich selbst. Es ist kein Verbrechen, dich und dein Wohlbefinden zu priorisieren, auch wenn das bedeutet, dass du deine Komfortzone verlassen musst.

Meine drei essenziellen Tipps für die verträumte Prinzessin:

- Zeige unbedingt deinen Charakter und deine Einzigartigkeit, indem du auch mal Dinge teilst, die dir echt stinken. Deine Wahrheit zu sprechen, kostet zwar Mut. Es kann sogar gut sein, dass dadurch Konflikte entstehen und du polarisierst und damit auch mal einen Shitstorm lostrittst. Aber langfristig wird dir das Freiheit und Leichtigkeit schenken. Versprochen.

- Hör auf, »Everybody‘s Darling« sein zu wollen und setze Grenzen. Zeige deine Ecken und Kanten, anstatt sie zu unterdrücken. Das beginnt schon zu Hause. Eine Badass-Unternehmerin auf Social Media zu sein, aber zu Hause das Heimchen am Herd zu spielen, funktioniert nicht. Das ist nicht authentisch und damit unglaubwürdig.

- Lerne, abzugeben und Menschen zu vertrauen. Vielleicht können sie nicht alles so gut wie du. Aber annähernd reicht manchmal auch. Schick deinen Perfektionismus in Rente, damit du jede Menge lukrative Jahre vor dir hast.

Was du von der Prinzessin lernen kannst?

Es braucht Ausgeglichenheit und Nächstenliebe und das wird dich auch weit bringen. Aber immer nur auf die Bedürfnisse der anderen zu achten und die eigenen zu vernachlässigen, macht nicht nur krank, sondern macht dich als Personenmarke wenig auffallend. Eher verschwindest du so in der Masse der Anbieter. Netzwerken ist dabei ultimativ wichtig. Das beherrscht die Prinzessin aus dem Effeff. Allerdings nutzt sie das eigene Netzwerk viel zu wenig, um selbst zu verkaufen. Dabei hat jede:r das Potenzial von mindestens 100.000 Euro Umsatz im eigenen Netzwerk, davon bin ich überzeugt und das sehe ich auch nachweislich bei meinen Klientinnen. Aber wenn du, wie die Prinzessin, kein Angebot machst, dann kauft auch keiner. So einfach ist das.

Typ 2: Worauf du achten darfst, wenn du überwiegend der Macherinnen-Typ bist?

Überwiegt in dir die Lust auf Abenteuer und du brauchst Geschwindigkeit nach dem Motto »Gas ist rechts«, schau dir genau an, woher dein permanenter Antrieb kommt. Entspringt er tatsächlich deiner Vision vom Leben oder treibt dich beispielsweise die Angst um, ohne ständigen Erfolg nicht gut genug zu sein? Von der Antwort auf diese Frage hängt langfristig deine mentale und deine körperliche Gesundheit ab.

Meine drei essenziellen Tipps für die abenteuerlustige Macherin:

- Mach mal Pausen: Die gehören zu jedem erfolgreichen Business dazu. Dein neues Motto lautet »Slow down to speed up«. Und das bitte auch im eigenen Nervensystem verinnerlichen, damit du die Früchte deiner Arbeit noch lange genießen kannst.

- Es tut überhaupt nicht weh, wenn du einmal jemanden um Hilfe bittest. Ich verspreche es dir. Du wirst dich wundern, wie froh der eine oder die andere ist, dir mal den Rücken freihalten zu dürfen. Und wenn du lernst, dich darüber auch noch zu freuen, steht deinem dauerhaften Erfolg nichts mehr im Weg.

- Vielleicht hast du schon Enttäuschungen erlebt. Trotzdem rate ich dir, anderen wieder zu vertrauen. Wenn du ein bisschen mehr zum Teamplayer wirst, erlebst du vielleicht ein kleines Wunder. Für die ein oder andere Aufgabe lohnt es sich, auch einmal auf andere zu setzen. Hin und wieder braucht es eine Perspektive, die nicht aus deiner Ecke kommt. Das kann langfristig für mehr Durchblick und vor allem auch Weitblick sorgen.

Was du von der Macherin lernen kannst?

Die Hingabe der Macherin zu ihrem Business ist schier grenzenlos. Ihr Commitment, ihre Vision und ihr Drive suchen ihresgleichen. Nichts hält sie auf und Rückschläge spornen sie dazu an, noch besser zu werden. Eine Macherin wirst du niemals eingerollt in einem Schneckenhaus finden. Das hat sie längst kurz und klein geschlagen und daraus eine Villa des Selbstvertrauens errichtet. Komfortzone kennt sie nicht. Sie fühlt sich überall wohl. Nicht jede muss eine Macherin sein. Aber jede Unternehmerin braucht einen Spritzer ihrer Qualitäten in ihrer DNA, um die Zielgerade zu erreichen.

Typ 3: Worauf du achten darfst, wenn du überwiegend der Kämpferinnen-Typ bist?

Neigst du zur unbedingten Gehorsamkeit gegenüber Strukturen und es stresst dich, wenn nicht alles an seinem Platz ist? Dann arbeite unbedingt an deiner Flexibilität. Tritt aus deiner Komfortzone, um echte Entwicklung und Erfolg zu erfahren, ohne dabei Kompromisse einzugehen. Auch wenn du es gern anders hättest, ein Leben ohne Unvorhergesehenes oder Veränderungen gibt es nicht. Arbeite daran, auch eine Reise voller Unsicherheiten zu genießen. Das wird dir viel Leichtigkeit und Freude schenken, die bisher oft noch zu kurz kommen.

Meine drei essenziellen Tipps für die analytische Kämpferin:

- Tu mal etwas Verrücktes. Kauf dir spontan ein Ticket. Wie sang Udo Jürgens so schön: »Ich war noch niemals in New York«. Das soll dir doch nicht auch so gehen. Ab in den Flieger und los geht's ins Abenteuer.

- Geh raus aus dem Kopf und rein in dein Herz: Wenn du dein Herz noch nicht einmal dir selbst öffnest, wie soll dir das dann jemals bei anderen gelingen? Um mit anderen und für andere zu arbeiten oder auch für ein gesundes Zusammenleben, brauchst du nicht nur Struktur, sondern vor allem deine Intuition und Nahbarkeit. Erfolg hat nur zu rund zwanzig Prozent mit Struktur zu tun. Der Rest setzt sich aus allem anderen zusammen, was dich zum Menschen macht.

- Hol dir den Spaß in dein Leben zurück. Tu das Gegenteil von dem, was dein innerer Prozessordner von dir erwartet. Das bringt dir eine Menge Freiheit und Glück zurück.

Was du von der Kämpferin lernen kannst?

Menschlichkeit mag einen großen Teil von Erfolg ausmachen. Aber ohne Prozesse und Strukturen, das hat die Kämpferin richtig erkannt, versinkst du im Chaos. Deshalb brauchst du sie, auch wenn sie dir zuwider sind. Sie sind ultimativ wichtig für das Wachstum, das du dir wünscht. Sie ebnen den Boden, damit du alles säen kannst.

Typ 4: Worauf du achten darfst, wenn du überwiegend der Party-Queen-Typ bist?

Wenn dein Feuer schnell für etwas entfacht ist, die Flamme aber ebenso schnell wieder verpufft, arbeite an deiner Geduld und deiner Ausdauer. Auch wenn du liebst, dass sich dein Leben wie ein Ponyhof anfühlt, stößt du andere damit oft vor den Kopf. Du bist aber nicht allein auf der Welt. Soziale Strukturen und damit auch der Weg zum Erfolg führen über Beziehungen. Und die benötigen oft einen langen Atem und vor allem echte Aufmerksamkeit und Pflege.

Meine drei essenziellen Tipps für die kreative Party-Queen:

- Fang an, dich für Routinen und Details zu begeistern. Nicht alles macht immer nur Spaß. Je schneller du das lernst, desto besser wirst du damit umgehen können.

- Trainiere deine Geduld und dein Durchhaltevermögen, indem du dir Routinen schaffst, die du nicht nur einen Tag durchhältst, sondern die auch deine Kreativität herausfordern.

- Erweitere deine Aufmerksamkeitsspanne. Menschen brauchen Zuhörer:innen, die bereit sind, tief einzusteigen und echte Aufmerksamkeit jenseits von Social Media Scrolling. Ich bin sicher, dass du dafür eine ausgeprägte Begeisterung entwickeln kannst. Denn das kitzelt deine soziale Ader und macht dich unstoppable.

Was du von der Party-Queen lernen kannst?

Sie hat eine Motivation und einen Antrieb, der ihresgleichen sucht. So schnell, wie es entfacht, verpufft das Feuer aber wieder, wenn es um Details oder Routinen geht. Wenn du es schaffst, das anfängliche Feuer mit langfristigem Commitment und Durchhaltevermögen zu kombinieren, kannst du wirklich alles schaffen.

”

Egal, wie sehr wir es wollen — wir können nicht die bleiben, die wir sind — auch wenn es die Welt, wie wir sie gewöhnt sind, aus den Angeln hebt.

— Nicole Wehn

Teil III

So einfach kann es sein – dein (simpler) Weg zur authentischen Personal Brand

Im letzten Kapitel habe ich dir bereits von den Figuren aus der von mir heißgeliebten TV-Serie »Sex and the City« erzählt. Ich bin eine glühende Verehrerin der Protagonistinnen. Sie sind Paradebeispiele dafür, wie eine authentische Personal Brand funktioniert: Die kreative Party-Queen Carrie Bradshaw (aka Sarah Jessica Parker), die toughe Anwältin Miranda Hobbs (aka Cynthia Nixon), die verträumte Charlotte York (aka Kristin Davis) und die Femme Fatale Samantha Jones (aka Kim Catrall). Diese Frauen haben inzwischen ein Vierteljahrhundert TV-Geschichte, Mode-Styles, aber auch die Business-Haltung von Millionen Frauen auf der ganzen Welt geprägt. Die Serienmacher:innen und Schauspielerinnen haben die Charaktere so geschickt in Szene gesetzt, dass jede einen anderen

Typ Zuschauer:in anspricht und damit eine Nachvollziehbarkeit herstellt, die uns inzwischen 25 Jahre begleitet. Ganz wunderbar finde ich auch, wie die Damen miteinander interagieren und wie sie sich, trotz ihrer Verschiedenheit und dadurch entstehender Differenzen, immer wieder zusammenraufen und in jeder Lebenslage unterstützen. So stelle ich mir ein funktionierendes Netzwerk von Freundinnen vor, die sich den Weg bereiten und sich nicht bekämpfen, selbst wenn sie anderer Meinung sind.

Und dann kam das Sequel »And just like that«, das die Frauen in ihren 50ern porträtiert – ohne aktiven Auftritt der von Fans heißgeliebten Samantha. Eine Herausforderung, die die Charaktere maßgeblich beeinflusst. Zum einen ist das Vertrauen zwischen den Protagonistinnen erschüttert. Das »Wir für immer« ist angekratzt. Zum anderen führt das bei Carrie, die gleich in der ersten Folge ihren geliebten Mr. Big verliert, dazu, dass sie mehr Zusammenhalt einfordert. Die neue Staffel spielt gekonnt mit der Disruption, die durch veränderte Lebensumstände und den Verlust eines wichtigen Glieds der Viererkette ausgelöst wird. Sie hält aber trotzdem an den Werten fest, die das Original so beliebt gemacht haben: Nachvollziehbarkeit für die Zuschauer:innen, Freundschaft über alles (wir stehen alles gemeinsam durch) und »wir gehen zusammen durch dick und dünn«. Die Personenmarken bleiben auch im Sequel erhalten, obwohl sich jede verändert hat.

Ich möchte dir kurz von einer Szene erzählen, die wie kaum eine andere die Disruption im Sequel beschreibt:

Die drei verbliebenen Charaktere Carrie, Charlotte und Miranda treffen sich zu einem Picknick im Park. Die verheiratete Miranda erzählt der konservativen und prinzipientreuen Charlotte, dass sie eine Affäre mit der non-binären Che Diaz hat, die auch noch Carries Boss ist. Charlotte ist wenig begeistert und macht Miranda Vorwürfe, woraufhin diese getroffen aufsteht, um die Gruppe zu verlassen.

Ich erwähne diese Szene, weil sie so viel von dem enthalten, was für dich auf deinem Weg zur authentischen Personal Brand relevant ist. Zum Beispiel:

1. **Du wirst immer wieder aus deiner Komfortzone herausgeschleudert, ob du willst oder nicht –** wie Charlotte, die unsanft nach draußen katapultiert wird, als die mit Steve verheiratete Miranda ihr bis dato Abenteuer mit der non-binären Che Diaz gesteht.
2. **Du könntest Menschen, die dir wichtig sind, auf deinem Weg verlieren –** die drei Damen haben Samantha verloren, Carrie ist inzwischen Witwe, Miranda hinterfragt ihre Ehe mit Steve. Der Streit droht auch Charlotte und Miranda zu entzweien.
3. **Menschen, die zu dir passen, werden bleiben und du wirst eine neue und tiefe Art der Verbindung mit ihnen erleben –** die Verbindung der drei Freundinnen ist stark genug, um auch Verlust und andere Lebensweisen und Haltungen zu überstehen. Das war sie schon immer. Sie haben, egal was passiert ist, stets zusammengehalten. Wenn's krachte, gab's auch eine Versöhnung.

4. **Du wirst neue Menschen treffen, die dein Leben positiv verändern –** In »And Just Like That« fehlt Samantha, eine tragende Säule im Vierergespann. Aber dafür sind auch neue Charaktere hinzugekommen, die eine Menge Positives ins Leben der Protagonistinnen gezaubert haben.
5. **Nichts bleibt, wie es ist, du kannst Veränderungen geschehen lassen oder aktiv mitgestalten –** Das Leben von Carrie & Co. verändert sich rasant, oft unfreiwillig. Sie entscheiden sich dafür, aktiv mitzugestalten und nicht nur geschehen zu lassen. Und wenn eine das mal vergisst, erinnern die anderen sie.

Aber Schluss mit »Sex and The City« jetzt geht es um dein persönliches »And Just Like That«. Von nun an wird es in diesem Buch nur noch um dich gehen. Darum, wie du deine authentische Personal Brand aufbaust. Alles, was du an Infos brauchst, habe ich dir in den vorherigen Kapiteln an die Hand gegeben, inklusive einer Menge guter Gründe: Thema Frauenbild, Female Shift und was sich für uns gesellschaftlich, aber auch wirtschaftlich, in den letzten Jahren so getan hat und noch tun muss. Sogar wissenschaftliche Fakten habe ich dir vorgelegt. Jetzt bist du dran. Denn du bist ein wichtiger Bestandteil dieser Bewegung, wenn du es sein willst. Ich werde dich Schritt für Schritt bei der Umsetzung begleiten und dir mit zahlreichen konkreten, direkt anwendbaren Tipps und Coachings eine gute Mentorin sein. Das verspreche ich. Hab keine Angst – denn:

Auf der anderen Seite deiner Angst fängt es an, Spaß zu machen!

Wenn du bis hierhin gelesen hast, bist du bereit für deine authentische Personal Brand. Ich präsentiere – FANFARE, tosender Applaus und trampelnde Füße: Meine sieben Schritte dorthin. Apropos Fanfare, damit kannst du gleich loslegen. Suche dir deinen ganz persönlichen Song, mit dem du dich selbst täglich, wenn nötig mehrmals, feiern kannst. Hör den Song, singe, tanze dazu und freu dich über dich selbst – wenn du Kraft brauchst, wenn du Ablenkung suchst, wenn du down bist oder einfach nur so, weil wir uns viel zu wenig selbst feiern. Los geht's! Ich fange an. Mein Feelgood-Song ist »Don't stop me now« von Queen. Der Titel, der mir regelmäßig sagt: Wow – das hast du alles bereits geschafft. So was brauchst du unbedingt auch. Es ist so wichtig, dass du stolz auf dich bist, dass du dir applaudierst und dich feierst. Die Begeisterung deines Umfelds und auch deiner zukünftigen Kund:innen wird kommen. Aber bis es so weit ist, und auch später noch, feiere dich selbst zu jeder Gelegenheit.

MERKE

Ich bekomme immer wieder von Kund:innen meiner Masterclasses und Programme zu hören: »Kann ich das wirklich schaffen?« oder »Wie soll ich das denn alles schaffen?« Klar, kannst du das schaffen! Es ist eine Frage der Entscheidung. Wenn du bereit bist, Verantwortung zu übernehmen, und dir klar darüber bist, dass vieles, von dem, was du glaubst, eher auf kindlicher Konditionierung und Triggern basiert und nicht auf einem bewussten Entschluss. Warum solltest du also nicht noch einmal so richtig durchstarten? Schließlich willst du dein Leben genießen und nicht einfach aufgeben. Sonst hättest du dieses Buch nicht gekauft und schon gar nicht bis hierhin gelesen.

Schritt 1 – Dein Bewusstsein

Ich hatte ja bereits angekündigt, es geht jetzt um dich. Das heißt auch, jetzt geht es für dich raus aus der Theorie und rein in die Umsetzung. Und die fängt mit deinem »Glauben« an. Henry Ford hat einmal so schön gesagt: »Ob du denkst, dass du es kannst oder nicht: Du wirst immer recht behalten.« Wenn du als authentische Personal Brand Erfolg haben willst, beginnt alles bei dir und deinem Bewusstsein. Stell dir deshalb zunächst die Fragen: »Wer bin ich in Wahrheit, ohne alle Rollen, die ich bekleide und was will ich wirklich?« und »Wozu tue ich, was ich tue und warum tue ich nicht, was ich tun will?« Wenn du diese Fragen beantworten kannst, bist du dir deiner selbst bewusst. Und dieses Bewusstsein ist das Fenster, durch das du die Welt wahrnimmst, das deine Wahrnehmung der Realität formt, die Quelle deiner Persönlichkeit. Sich seiner selbst bewusst zu sein, heißt aber nicht nur, durch dieses Fenster zu sehen, sondern auch zu entdecken, was sich alles dahinter verbirgt. Im ersten Schritt geht es also um einen Deep Dive in dein Inneres. Denn im Inneren setzt du an, um das Außen zu verändern. In anderen Worten: Du brauchst Erkenntnis und Umbruch, um dein Leben und die Energie, die du ausstrahlst, und das, was du anziehst, zu verändern.

Same, same but different

Wir Menschen mögen alle verschieden sein. Aber eines haben wir gemeinsam: Einen großen Teil des Lebens laufen wir im Autopilot-Modus. Dieser Autopilot hat einen Namen: Unterbewusstsein. Darauf möchte ich aber später noch genauer eingehen. Wichtig ist an dieser Stelle nur zu wissen, dass Bewusstsein und Unterbewusstsein stets miteinander interagieren. Sie können nicht getrennt voneinander existieren. Je bewusster du erkennst, was unbewusst schon Jahre auf Autopilot an Gedanken, Reaktionen, Bewertungen und Gefühlen in deinem Inneren passiert, ohne dein Zutun, umso besser bist du in der Lage, das Steuer zu übernehmen. Echte Freiheit bedeutet, dass du nicht mehr von Triggern und Unbewusstem gesteuert deinen Tag verlebst. Dieses Buch heißt nicht umsonst »Keine Kompromisse«. Du liest es, weil du auf Zugeständnisse, die dir nicht guttun, verzichten willst.

Um ein Bewusstsein dafür zu bekommen, stell dir noch folgende Fragen:

1. Wo mache ich Kompromisse?
2. Welche dieser Kompromisse tun mir nicht gut?
3. Wo kann ich ansetzen, um nicht mehr in die Kompromissfalle zu tappen?

Ich spreche hier übrigens nicht davon, dass wir gar keine Kompromisse mehr, zum Beispiel im Zusammenleben mit Menschen, eingehen. Aber wir haben gelernt, dass wir Zugeständnisse machen müssen, anstatt alles haben zu können. Wenn wir uns aber dafür öffnen, dass wir alles haben können, fühlt sich nichts davon mehr als Kompromiss an.

Du magst jetzt denken, kein Problem, das ist leicht. Sich seiner selbst bewusst zu sein, bedeutet aber nicht nur, zu wissen, wer du bist und was du tust, sondern auch, wozu. Es bedeutet, zu verstehen, wie deine Werte, deine Stärken und deine Identität geformt wurden, und wie diese Faktoren deine Entscheidungen und Handlungen beeinflussen. Dieses tiefe Verständnis von dir selbst, gibt dir die Fähigkeit, dein Handeln und dein Denken in Einklang zu bringen und damit eine authentische und kohärente Personal Brand aufzubauen.

Finde deinen Hebel zur Veränderung

Du wirst sehen, dass die Beantwortung der Fragen bereits hilft, um dir deiner selbst bewusst zu werden. Ohne dieses Bewusstsein wird es keine Veränderung geben, weil du über keinen Hebel verfügst, an dem du ansetzen kannst. Es macht mich traurig und ärgert mich auch ein bisschen, wenn ich sehe, dass Menschen regelrecht daran verzweifeln, Änderungen herbeizuführen. Wenn ich sage, es ärgert mich, sind es nicht die Menschen, über die ich mich ärgere. Die Glaubenssätze und ihre starke Verankerung in der Gesellschaft machen mir zu schaffen. Ich weiß genau, wie tief meine saßen und teilweise immer noch sitzen und welchen Kraftakt es erfordert, sie auszumerzen. Diese Veränderung lässt sich nicht wie ein Haarschnitt abhaken. Das erfordert tägliche Arbeit und ist ein Prozess, der andauert.

Oft wehren wir uns sogar dagegen, genau hinzusehen, obwohl wir wissen, wie wichtig das wäre. Viele Menschen neigen dazu, Unentdecktes lieber unter der Oberfläche zu behalten. Doch genau darin, das Bewusstsein für die eigenen Facetten zu entwickeln, liegt die Magie der Veränderung. Das ist dein Hebel und dafür hast du dieses Buch gekauft. Toll!

Selbstbewusstsein vs. Selbstvertrauen

Vielleicht fühlst du dich im Moment noch gar nicht selbstbewusst. Vielleicht kannst du deine Großartigkeit nicht erkennen, weil du über kein gutes Selbstbild verfügst. Das musst du auch noch gar nicht. Diesen Druck kannst du dir gerne nehmen. Niemand erwartet, dass du ab heute immer mit breiter Brust und hoch erhobenem Haupt auftrittst. Das kommt Schritt für Schritt, wenn du dir deiner Selbst und deiner Großartigkeit immer bewusster wirst. Die Arbeit an dir selbst – ja, es ist Arbeit – verdeutlicht dir viele Aspekte deines Seins. Darauf kommt es an.

Was bringt mir das für mein Business?

Inzwischen ist dir sicher klar: Bewusstsein ist das, was du in Wahrheit bist – also das, was du entdeckst, wenn du genau hinsiehst. Wenn du alles enthüllst, kannst du auch frei entscheiden. Wenn es im Business darum geht, sich eine Personenmarke aufzubauen, ist es wichtig, dass du deine Persönlichkeit genau kennst und auch hier die Klarheit findest, wo du stehst und wo du hinwillst. Das ist Authentizität. Es hilft dir, zu wissen:

1. Das sind meine Werte.
2. Hier liegen meine Stärken.
3. Das macht mich aus.
4. Das sehen andere Menschen in mir.
5. Das wollen andere Menschen von mir lernen.
6. Das ist mein Warum.
7. Das ist mein Impact.

Du darfst Schritt für Schritt nach außen gehen. Du brauchst nicht sofort alles bis in die Tiefe zu wissen. Perfektionismus bremst dich hier nur aus. Trau dich, geh raus und erzähl der Welt von dir, damit sie dich kennenlernt. Es mag dich zwar Überwindung kosten, sichtbar zu sein und dich selbst »in den Vordergrund zu spielen«. Wieder so eine Redensart, die auf der unsinnigen Annahme basiert, sichtbar zu sein, wäre gleichbedeutend damit, aufdringlich zu sein. Vergiss das ganz schnell wieder. Du bist die Marke, du bist dein Alleinstellungsmerkmal und damit das Kaufargument für deine Kund:innen. Wer dich nicht kennt, verlässt sich in der Regel auch nicht auf dich. Warum sollte man bei dir kaufen? Deinetwegen oder, anders gesagt, wegen deiner authentischen Personal Brand. Damit lohnt es sich, nach außen zu gehen und sichtbar zu werden. Denn das bringt jede Menge Vorteile mit sich:

1. Menschen vertrauen Menschen, die konsistent und echt sind. Mit deiner authentischen Personenmarke schaffst du dieses Vertrauen.
2. Deine authentische Personal Brand erlaubt dir, dich von der Masse abzuheben. Dich gibt es schließlich nur einmal. Wenn jeder versucht, herauszustechen, ist Authentizität ein unschätzbares Unterscheidungsmerkmal.
3. Sie erleichtert dir die Kommunikation, denn du spielst keine Rolle oder täuschst etwas vor. Du kannst du selbst sein und das tun, was du am besten kannst. Das spart jede Menge Energie. Denn es gibt nichts Leichteres, als du selbst zu sein.

Wie gelingt mir das?

Der erste Schritt ist erfahrungsgemäß der schwierigste. Denn beim Bewusstwerden des eigenen Seins tauchen oft Themen auf, die man gerne in sich begraben lässt. Glaubenssätze, die wir eigentlich gar nicht infrage stellen wollen, aber müssen. Und vieles mehr. Ich wiederhole mich: Veränderung entsteht von innen nach außen. Deshalb ist es so wichtig, dass du dir deines »Innenlebens« bewusst bist und dich traust, genau hinzusehen.

Übung

Fühle deinen »Stream of Consciousness«. Als »Stream of Consciousness« bezeichnet man den kontinuierlichen Fluss von Gedanken, Gefühlen, Wahrnehmungen und Erinnerungen in unserem Bewusstsein. Es ist im Grunde das ständige »Gespräch«, das in unserem Kopf stattfindet und das so viel für die Entwicklung deines Selbstbewusstseins bedeutet. Der Bewusstseinsstrom liefert uns einen Einblick in unsere inneren Prozesse und Zustände. Durch das Beobachten und Verstehen unseres eigenen Bewusstseinsstroms können wir beginnen, Muster in unseren Gedanken und Gefühlen zu erkennen, uns unserer inneren Dialoge bewusst zu werden und uns damit besser zu verstehen. Um den »Stream of Consciousness« auszulösen, bedarf es keiner Übung. Der läuft so oder so unterbewusst ab. Du weißt nicht immer, was gerade in deinem Kopf abgeht. Das wäre ganz schön anstrengend. Der Schlüssel zur Entwicklung des Selbstbewusstseins ist das Erlernen von Techniken der Achtsamkeit oder eine Meditationspraxis, die uns erlaubt, diesen Bewusstseinsstrom zu beobachten, ohne ihn zu bewerten oder zu kontrollieren. Du kannst ihn also sowohl als »Material« verstehen, aus dem dein Selbstbewusstsein besteht, als auch als Werkzeug, das dir dabei hilft, dein bewusstes Selbst zu entwickeln. Wenn du dort angekommen bist, kannst du dich selbst erkennen und verstehen und bewusst denken, fühlen und handeln.

So klappt's: Finde einen ruhigen Ort und mach es dir bequem. Wichtig: Sorge dafür, dass du ungestört bist. Wenn du weißt, dass jederzeit Partner oder Kinder deinen Ruheort crashen könnten, trägt das nicht gerade zur Entspannung bei.

MERKE

Diese Übung ist kein einmaliges Abenteuer. Du kannst und darfst sie immer wieder durchführen, um zu überprüfen, wo du stehst und ob du wirklich deinen Weg gehst und deine authentische Personal Brand lebst. Sie ist ein Prozess.

Step 1

Setz dich bequem, aber aufrecht hin, schließe die Augen und konzentriere dich auf deine Atmung. Die bringt dich zurück zu dir und in deinen Körper.

Step 2

Atme für ein paar Minuten ein und aus. Während du bis vier zählst, atmest du tief durch die Nase ein und während du bis sechst zählst, durch den Mund wieder aus. Wiederhole das mindestens viermal. So lange, bis du merkst, dass du zur Ruhe kommst, dein Puls runterfährt und du ganz bei dir bist. Hab Geduld, selbst wenn es ein paar Minuten länger dauert.

Step 3

Stell dir eine Frage, zum Beispiel »Wer bin ich?« und beantworte sie aus dem Fluss deines Bewusstseins für circa zwei Minuten. Aber bitte ganz ohne Wertung. Lass die Gedanken einfach frei fließen. Danach gehst du wieder in die Atemübung und stellst dir eine weitere Frage.

ANREGUNG

Mit diesem QR-Code kommst du zu 26 Fragen, die dir als Anregung zu dieser Übung dienen können:

Step 4

Gehe in die Beobachtung deiner Gedanken, Gefühle und körperlichen Empfindungen, die auftauchen. Versuche, sie einfach wahrzunehmen, ohne sie zu bewerten oder zu analysieren. Stell dir zum Beispiel vor, du sitzt am Ufer eines Flusses und beobachtest, wie deine Gedanken und Gefühle wie Blätter und kleine Äste auf dem Wasser an dir vorbeiziehen.

Step 5

Mit der Zeit wirst du anfangen, Muster oder Themen zu erkennen, die immer wieder vor deinem inneren Auge auftauchen. Damit erhältst du wertvolle Einblicke in deine inneren Überzeugungen, Ängste, Wünsche und Werte.

Step 6

Schreibe nach Beendigung der Übung deine Erkenntnisse auf. Das hilft dir dabei, echte Klarheit darüber zu erlangen, was du wirklich willst und was dich bislang unterbewusst steuert. Jetzt bist du bereit für die Magie: Denn jetzt kannst du aktiv Veränderung bewirken, indem du anders entscheidest und deine Geschichte neu schreibst. So fühlt sich Freiheit an. Probiere das unbedingt aus.

Ganz wichtig: Hab Geduld mit dir selbst und nimm diese Übung als das, was sie ist: Work in progress. Nicht jeder kann gleich auf Knopfdruck entspannen. Verzweifle bitte nicht daran, wenn nicht alles auf Anhieb so klappt, wie du dir das vorstellst. Es ist völlig normal, dass dein Geist abschweift oder du doch immer wieder anfängst, zu bewerten oder zu analysieren. Mit der Zeit und regelmäßiger Praxis wirst du feststellen, dass du besser in der Lage bist, deinen Bewusstseinsstrom zu beobachten und damit dein Selbstbewusstsein zu stärken.

MERKE

Du kannst diese Übung auch mit offenen Augen durchführen und zum Beispiel in einem Liegestuhl den Wolkenfluss beobachten oder Vögeln mit den Augen bei ihrem Flug folgen. Alles, was dich in den Zustand tiefer Entspannung bringt und dich zurück zu dir führt, ist erlaubt. Es geht weniger um Regeln, sondern um Aufmerksamkeit und Achtsamkeit. Wie du das erreichst, bleibt dir überlassen.

Schritt 2 – Dein Commitment

Im ersten Schritt hast du herausgefunden, was du verändern möchtest. Um genauer zu sein, welche Teile deines Lebens oder von dir du umgestalten willst. Jetzt brauchst du das nötige Commitment, in diesem Fall eine Verpflichtung dir selbst gegenüber. Eine eigene Personal Brand aufzubauen, braucht Zeit und erfordert eine Menge davon. Du musst deine Priorisierung klären. Es gilt, dranzubleiben, auch wenn's nicht gleich so läuft, wie du dir das wünschst. Im Best-Case-Szenario nicht aufzugeben, ist leicht. Dein Commitment aber beizubehalten, selbst wenn's zunächst gar nicht läuft, wenn du den richtigen Dreh nicht findest, wenn du in der Krise steckst, das ist die hohe Kunst. Und das ist es, was dich langfristig zur Gewinner:in macht.

Dein Gehirn hat Schuld

Klingt erst einmal anstrengend. Das verstehe ich. Gerade dann, wenn du am Anfang stehst, empfindest du das bestimmt zunächst so. Genau deshalb brauchst du diese Verbindlichkeit, die dich dazu zwingt, deinen Weg weiterzugehen, immer dann, wenn es hart ist. Sonst fällt es dir schwer, dich nicht auf die vielen anderen wichtigen Dinge wie Freunde, Partnerschaft, Kinder und vieles mehr zu fokussieren oder dein Gehirn packt sich aufs Sofa und ruht sich aus. Tut es das, bist du selbst auch nah dran. Denn dein Gehirn ist der Schlüssel für Effizienz und Erfolg, es ist aber auch ein echtes Gewohnheitstier und trägt zunächst einmal die Schuld an mangelndem Durchhaltevermögen. Es ist ziemlich faul und gewohnt, immer den Weg des geringsten Widerstands zu gehen. Alles andere kostet einfach zu viel Energie.

MERKE

Unser Denkapparat macht zwar nur etwa zwei Prozent des Körpergewichts aus, aber frisst an die zwanzig Prozent unserer Energie. Wenn wir also gar nichts tun und den ganzen Tag einfach nur rumliegen, verbraucht unser Gehirn trotzdem zwischen 320 und 400 Kalorien, abhängig von Faktoren wie Alter, Geschlecht und Gesamtkalorienbedarf.[5] Das liegt an den Nervenimpulsen, die es ständig sendet und empfängt. Deshalb ist es auf Energiesparmodus gepolt.

Alles Bekannte, also alles, was wir bereits durch Routinen etabliert haben, bedeutet weniger Energieaufwand. Sind wir also daran gewöhnt, dass wir schnell aufgeben, lieber vorm TV sitzen oder durch Apps scrollen, fallen wir immer wieder in diese Muster zurück, wenn wir nichts dagegen unternehmen. Es gilt also mit Hingabe, alte Schemata zu durchbrechen und neue Routinen zu schaffen. Damit sorgst du für mehr Zeit – für dich, fürs Wesentliche und fürs Business. Wenn aber das Commitment fehlt, gehst du stets gewohnte Wege. Das fällt dir zunächst leichter. Langfristig setzt es dich aber unter Stress und verhindert deinen Erfolg. Denk zum Beispiel mal an die vielen guten Vorsätze, die wir uns zu Silvester immer vornehmen. Meist halten wir sie für ein paar Tage ein, mit etwas Glück für ein paar Wochen. Wenn wir dann nicht genug Commitment mitbringen und das Ziel für uns zu unattraktiv ist, werfen wir sie schnell wieder über den Haufen und machen weiter wie bisher.

Die gute Nachricht

Du kannst Commitment lernen. Es lässt sich trainieren wie ein Muskel. Erinnere dich daran, wie deine erste Fahrstunde abgelaufen ist. Damals dachtest du sicher auch, dass du diese vielen Dinge, die du gleichzeitig erledigen musst, niemals lernst. Nach einer Weile hast du dann festgestellt, dass in den Rückspiegel schauen, die Kupplung treten, schalten, bremsen und die vielen anderen Kleinigkeiten, auf die wir beim Fahren oft gleichzeitig achten, in Fleisch und Blut – besser gesagt, ins Gehirn – übergangen sind. Wir tun etwas immer wieder, lernen und automatisieren. Damit reduzieren wir den benötigten Energieaufwand. Unser Gehirn stellt sich auf die Tätigkeiten ein und hat über das Training eine neue Routine entwickelt. So klappt das auch mit deinem Commitment.

Commitment: eine Entscheidung und ein Versprechen

In erster Linie bedeutet Commitment, die Entscheidung für dich zu treffen. Du entscheidest dich ganz bewusst für den Aufbau deiner authentischen Personal Brand, für dein Business und damit gibst du dir selbst ein Versprechen – komme, was wolle. Leider neigen wir Menschen dazu, Versprechen, die wir uns selbst geben, zu ignorieren, wenn der Alltag uns herausfordert oder sogar überfordert. Während wir akribisch darauf achten, uns gegenüber anderen verbindlich zu verhalten. Wir haben ein wahnsinnig schlechtes Gewissen, wenn wir Menschen, die wir lieben, etwas zusagen, und das nicht einhalten. Wie viele schlaflose Nächte hast du schon erlebt, weil du etwas Zugesagtes nicht eingehalten hast? Wenn es aber darum geht, ein Wort einzuhalten, das du dir selbst gegeben hast, wirfst du das mir nichts dir nichts und ohne schlechtes Gewissen über den Haufen. Gründe – oder sollte ich besser sagen Ausreden – findest du dafür genug:

1. Ich habe keine Zeit

Hand aufs Herz: Wie oft hast du diese Ausrede schon benutzt? Sie zählt sicher zu den häufigsten in unserem Repertoire. Das verwundert auch nicht, haben wir doch alle zahlreiche Verantwortlichkeiten und Aufgaben, die täglich auf uns zukommen. Der Tag hat einfach nicht genug Stunden, um alle zu erledigen. Aber Zeit hast du nicht, Zeit nimmst du dir.

2. Ich kann das sowieso nicht

Vielleicht liegt es an unserem antrainierten Mangel an Selbstvertrauen, vielleicht ist es auch die Angst vor dem Scheitern. Wir glauben oft wirklich, dass wir etwas nicht können, ohne es je ausprobiert zu haben. In beiden Fällen umgehen wir die Herausforderungen, die eine Veränderung mit sich bringt. Gleichzeitig verschenken wir aber auch die Chance darauf, etwas Neues, Aufregendes und Großartiges für uns selbst zu schaffen.

3. Ich bin noch nicht perfekt

Unser anerzogenes Streben nach höher, schneller, weiter und Glaubenssätze wie »gut ist nicht gut genug« sind riesige Erfolgsverhinderer. Schon die Vorstellung, dass alles, was wir tun, perfekt sein muss, lähmt uns naturgemäß und hält uns davon ab, großartig zu sein. Ebenso verhält es sich, wenn wir jedes erreichte Ziel nicht feiern, sondern als unwesentlich und unbedeutend abtun.

MERKE

Deine Gedanken entscheiden über dein Gefühl und deinen Erfolg. Du bist selbst verantwortlich für das, was du denkst und kannst deine Gedanken kontrollieren, steuern und vor allem wählen. Je positiver du über dich, dein Business, deine Herausforderungen denkst, desto besser wird das Gefühl dazu und desto höher ist deine Chance auf Erfolg.

4. Ich kann mich nicht fokussieren

Eine Textnachricht hier, ein Anruf da, alle fünf Minuten E-Mails checken und nicht vergessen, regelmäßig alle Arten von Nachrichten konsumieren ... die Liste mit Ablenkungen ist lang und wird stets länger. Ohne ein klares Commitment zu uns und unseren Zielen, verbauen wir uns Erfolgswege, weil wir uns zu schnell vom Ziel und damit von unserem Commitment ablenken lassen. Wir vernachlässigen unsere eigenen Bedürfnisse und Prioritäten zu Gunsten der schnellen Information oder Unterhaltung. Wir favorisieren Konsum, statt tief und fokussiert in unsere Themen einzutauchen. Damit befinden wir uns ständig in einem dysregulierten Nervensystem.[6]

5. Das mache ich morgen:

Den Spruch »Was du heute kannst besorgen, das verschiebe nicht auf morgen« gibt es in zahlreichen Sprachen. Ein Indiz dafür, wie populär und weitverbreitet diese Ausrede ist. Natürlich können Umstände es nötig machen, eine Tätigkeit auf den nächsten Tag zu verschieben. Generell hat das Sprichwort aber seine Berechtigung. Denn alles, was wir für uns erledigt haben, bedeutet ein Erfolgserlebnis. Alles, was wir verschieben, bedeutet in der Konsequenz mehr Druck und mehr Stress.

MERKE

Versteh Ausreden bitte genau als das, was sie sind: Ausflüchte, Vorwände oder Rechtfertigungen, dich nicht um dich selbst und um deinen Weg zu kümmern. Sie verhindern, dass du deine Ziele und Träume verwirklichst. Natürlich verwenden wir sie alle von Zeit zu Zeit. Der Schlüssel zum Erfolg liegt aber darin, sie zu erkennen und Wege zu finden, sie zu überwinden. Es ist ok, nicht perfekt zu sein. Es ist ok, wenn du für etwas Hilfe brauchst. Aber es ist nicht ok, wenn du Versprechen, die du dir selbst gibst, brichst, obwohl sie für dein Wohlergehen sorgen. Denn du verdienst es, sie einzuhalten. Im Flugzeug heißt es nicht ohne Grund: »Ziehen Sie zuerst Ihre Sauerstoffmaske über Mund und Nase, bevor Sie anderen helfen.« Keiner profitiert davon, wenn dir selbst die Luft zum Atmen fehlt.

Kommen dir eine oder sogar mehrere dieser Ausreden bekannt vor? Ich habe sie alle rauf und runter gejammert, mich voll in den Opfermodus begeben, bis ich mich für mich, für meine Brand und für mein Business entschieden und beschlossen habe, von nun an keine Kompromisse mehr einzugehen und mir stattdessen das Geschenk »Commitment« zu machen.

Was bringt mir das für mein Business?

Ich bin überzeugt davon, dass im Business-Kontext mit deinem Commitment alles steht und fällt. Deshalb ist dieser Punkt essenziell wichtig. Setze diese Hingabe zu dir und deinem Business immer und immer wieder für dich ein, bis daraus eine automatisierte Routine wird. Egal an welchem Punkt im Business-Aufbau du dich gerade befindest, versprich dir:

Ich committe mich...

1. ... sichtbar zu sein.
2. ... stets mein Bestes zu geben.
3. ... meine Kund:innen zufriedenzustellen.
4. ... meine Werte zu leben.
5. ... diese Liste mit weiteren Commitments zu vervollständigen.

Um das anfangs durchzuhalten, ist der Energieaufwand hoch. Aber schon nach kurzer Zeit wirst du merken, dass er geringer wird. Es reicht, jeden Tag kleine Schritte zu gehen. Aber diese kleinen Schritte sind wirklich wichtig. Lass dich dabei nie von Rückschlägen umwerfen und gib nicht auf. Nach dem Motto: »Hinfallen, aufstehen, Krone richten und weiter geht's.« Und das Ganze bitte täglich, bis die Routine einsetzt und alles wie von selbst läuft.

Wie gelingt mir das?

Den großen Teil unseres Tages erledigen wir Dinge wie im Schlaf. Vieles läuft voll automatisiert. Wir denken gar nicht weiter darüber nach. Aufstehen um dieselbe Zeit, Kinder wecken, Frühstück machen, Pausenbrote schmieren, Kinder in die Schule fahren und so weiter. Unser Alltag ist also geprägt von Gewohnheiten und Selbstverständlichkeiten. Genau diese Automatismen brauchst du auch für dein Commitment. Im Grunde verhält es sich ähnlich wie beim Zähneputzen. Du weißt, dass es wichtig für dich ist, also machst du daraus eine Gewohnheit, schaffst dir eine Routine wie morgens und abends deine Zähne zu putzen.

Mit dieser Strategie klappt das

Step 1: Mehr Selbstachtung
Erkenne die Bedeutung der Versprechen, die du dir selbst gibst. Es sind nicht nur Wünsche oder Ziele. Jedes Versprechen ist ein Pakt, den du mit dir selbst schließt. Wenn du diesen Pakt einhältst, sorgt das konsequenterweise für mehr Selbstachtung und eigene Wertschätzung, was wiederum dafür sorgt, dass du deine Ziele leichter und oft auch schneller erreichst.

Step 2: Visualisierung

Stell dir vor, was passiert, wenn du dieses Versprechen einhältst. Wie fühlst du dich, wie beeinflusst das dein Leben und dein Business? Was du dir vorstellen kannst, kann auch Realität werden. Großartig, nicht wahr? Deshalb ist es so wichtig, regelmäßig zu visualisieren und dich in deine Vision hineinzufühlen. Damit steigerst du deine Motivation und behältst dein Ziel leichter im Fokus.

Step 3: Planung und Zeitmanagement

Um ein Versprechen an dich selbst einzuhalten, braucht es ein realistisches Zeitmanagement. Wenn du ständig zu wenig Zeit für zu viel Arbeit vorsiehst, ist der Frust vorprogrammiert. Deshalb plane deine Ziele in Etappen. Schieß dabei ruhig immer etwas übers Ziel hinaus. Das motiviert. Aber baue trotzdem Zwischenschritte ein, damit du dich nicht frustrierst, weil du das Gefühl hast, dein großes Ziel niemals erreichen zu können. Widme dabei allen Zwischenschritte deine ganze Aufmerksamkeit. Sie brauchen alle immer wieder dein Commitment. Ich glaube fest daran: Je besser du planst, desto leichter setzt du um und desto schneller erreichst du deine Ziele.

An dieser Stelle möchte ich dir einen kleinen Reminder schenken: Deine Ziele erreichst du, wenn sie in Einklang mit dir und deinen Werten stehen. Wenn du nur glaubst, sie erreichen zu wollen, weil es zum Beispiel Ziele anderer Menschen sind, machst du es dir schwer und erreichst sie höchstwahrscheinlich nicht, weil dir irgendwann die Puste ausgeht. Deshalb sind deine Klarheit, das eigene Warum und deine Werte so ausschlaggebend dafür, anzukommen. Sonst landest du schnell in einem toxischen Kreislauf aus Prokrastination und dich dann dafür zu verurteilen, dass du das Ziel nicht erreicht hast. Dieses Thema zerschießt dir jedes Zeitmanagement im Nullkommanix.

MERKE

Wenn die Zeitfenster, die du für dein Business hast, klein sind, helfen Methoden, wie beispielsweise die Pomodoro-Technik, bei einer effizienten Umsetzung. Dabei arbeitest du konzentriert für 25 Minuten an einem Thema und lässt dich auch nicht ablenken. Danach machst du fünf Minuten etwas anderes. Ein weiteres Hilfstool ist die sogenannte Eisenhower-Matrix,[7] bei der du Aufgaben nach Dringlichkeit und Wichtigkeit einordnest oder die 2-Minuten-Regel, die besagt, dass du alle Aufgaben, die weniger als zwei Minuten in Anspruch nehmen, immer sofort erledigst. Die nutze ich übrigens immer!

Step 4: Nimm dich selbst in die Verantwortung!

Sich dafür rechtfertigen zu müssen, dass wir etwas nicht getan haben, tut weh – in der Regel aber nur dann, wenn wir uns vor jemand anderem verantworten. Wir neigen dazu, uns schneller vom Haken zu lassen oder – wie bereits beschrieben – Ausreden parat zu haben. Verpflichte dich deshalb nicht nur vor dir selbst, sondern auch vor einem Freund oder einer Mentorin. Das kann dir dabei helfen, in der Spur zu bleiben, wenn du wieder einmal nach rechts oder links ausscheren möchtest. Außerdem hilft der regelmäßige Austausch zu deinen Themen und Zielen, immer wieder einmal eine andere Perspektive darauf zu bekommen und im Zweifel nachzujustieren.

Step 5: Vergissdeinnicht

Eigentlich sollte Selbstfürsorge eine Selbstverständlichkeit sein. Die Erfahrung zeigt: Das ist sie nicht. Warum sonst gäbe es so viele Ratgeberbücher, so viele Coaches und Trainer und immer noch viel zu wenig zufriedene Menschen? Wieso fangen so viele Leute etwas an und geben schon nach kurzer Zeit wieder auf? Sie kümmern sich zu wenig um sich selbst und verlieren dann den Fokus. Auch wenn das banal klingt, genügend Schlaf, eine gesunde Ernährung und ausreichend Bewegung bedeuten eine Menge für deinen Erfolg. Nur ein gesunder Körper und ein entspannter Geist stärken deine Willenskraft und geben dir die Energie, die du brauchst, um committet zu bleiben und dein Versprechen an dich selbst einzuhalten.

Schritt 3 – Dein Unterbewusstsein

Das Thema Unterbewusstsein habe ich ja bereits im Kapitel »Dein Bewusstsein« kurz angesprochen. Jetzt möchte ich mit dir tiefer in die Materie eintauchen. Inzwischen ist dir klar, was du verändern möchtest, und du weißt, wie wichtig die Hingabe zu deinen Wünschen, Zielen und Visionen ist. Jetzt geht es ans Eingemachte. Indem du dich mit deinem Unterbewusstsein beschäftigst, greifst du aktiv in das ein, was du dein ganzes Leben über verinnerlicht hast. Es geht den vielen falschen Glaubenssätzen an den Kragen, die so viele von uns seit ihrer Kindheit mit sich rumschleppen. Ich spreche ganz bewusst vom Schleppen. Denn sie können ein Ballast sein, eine Bürde, die uns das Leben ernsthaft erschweren – unnötigerweise. Wenn wir an dieser Stelle nicht nur genau hinsehen, sondern auch aktiv verändern, wird sich, wie magisch, dein Leben in die Richtung entwickeln, die du möchtest und die du vorgibst.

Mysterium Unterbewusstsein

Als Unterbewusstsein bezeichnet die Wissenschaft all das, was sprichwörtlich unter der Oberfläche verborgen ist – was wir also nicht sofort sehen. Du hast bestimmt schon einmal etwas vom Eisbergmodell nach Freud gehört. Falls nicht, gib einfach mal in deinem Browser den Begriff ein. Dann findest du jede Menge Material. Kurz zusammengefasst könnte man sagen, es ist ein Modell, das die menschliche Psyche in drei Bereiche unterteilt, ähnlich der Struktur eines Eisbergs. Das Bewusstsein, also der sichtbare Teil des Eisbergs, liegt über der Wasseroberfläche und enthält Gedanken und Gefühle, die uns in diesem Moment bewusst sind.[8] Das Vorbewusstsein sammelt direkt unter der Wasseroberfläche Informationen, die wir leicht abrufen können, selbst wenn wir gerade keinen Fokus darauf legen. Das Unterbewusstsein enthält Erinnerungen, Erfahrungen, Werte und eben auch unsere Glaubenssätze, die wir sorgfältig dort abgelegt haben, auf die wir aber zurzeit keinen Zugriff haben.

Wirklich spannend wird es, wenn wir wissen, dass rund 90 Prozent dessen, was wir für »Wissen« halten, in unserem Unterbewusstsein unter dem Sichtbaren verborgen liegt. Uns fehlt also der direkte Zugang und damit auch die Chance auf Überprüfung und Korrektur.

Deshalb umgibt diesen Bereich etwas Mystisches. Dort liegen unsere tiefen Überzeugungen, die fast unbemerkt unsere Gedanken, Emotionen und Verhaltensweisen kreieren, die wiederum unser Leben ständig und nachhaltig beeinflussen. Wenn wir all das, was wir im Kapitel »Dein Bewusstsein« herausgefunden haben, verändern wollen, dürfen wir Gelerntes überprüfen, hinterfragen und zu dem, was unter der Oberfläche liegt, einen Zugang finden.

Wir hinterfragen zu wenig

Findest du es nicht auch bemerkenswert, dass wir Gelerntes einfach so akzeptieren? Wir nehmen Sätze, die Eltern, Lehrer und andere wichtige Menschen in unserem Umfeld uns als Kinder bereits eingetrichtert haben, als gegeben hin. Nach dem Motto »Wenn ich das denke, ist es wahr«. Das ist so falsch, dass ich mich regelmäßig frage, wie sich dieser Irrglaube so lange in unserer Gesellschaft halten konnte. Wir vertrauen doch auch nicht auf alles, was wir im Internet lesen. Nur, weil es irgendwo im Web zu finden ist, heißt das doch nicht, dass es die Wahrheit ist – völlig ungeachtet der Quellen, des Kontextes oder dem zeitlichen Umfeld der Menschen, die etwas behaupten.

Ein Beispiel: Bei der Recherche zu diesem Buch habe ich nach einer Zahl gesucht, die belegt, mit wie vielen Glaubenssätzen wir in unserem Leben konfrontiert werden. Ich habe zahllose Artikel gefunden, von renommierten deutschen Tageszeitungen bis hin zu Blogartikeln. Alle behaupten, wir seien laut einer Studie der Universität Harvard mit 180.000 negativen Suggestionen konfrontiert, bis wir volljährig sind. Es sind zweifellos eine Menge. Wenn jemand aber eine solche Zahl in den Raum stellt, wäre es schon schön, wenn sie mit einer Quelle versehen ist. Nicht ein Artikel aber verlinkt zu der Studie. Auch auf den Seiten der Harvard University konnte ich weder Zahl noch Studie entdecken. Entweder habe ich nicht gut genug recherchiert oder irgendjemand hat diese Zahl einfach mal in den Raum gestellt und den Namen einer renommierten Universität hinzugefügt, um die Glaubwürdigkeit der These zu unterstreichen.

Ich möchte damit nicht behaupten, dass die Zahl falsch ist. Sie kann durchaus richtig sein. Aber es ist wichtig, dass wir Quellen hinterfragen – besonders auch dann, wenn wir selbst die Quelle sind, wie bei unseren Glaubenssätzen. Nur, weil wir sie tausendmal wiederholt haben, sind sie noch lange nicht wahr. Es sind unterbewusst gespeicherte Vorbehalte, die dich davon abhalten, Ziele zu erreichen.

Falsche Glaubenssätze identifizieren

Wir alle haben eine Reihe von Glaubenssätzen verinnerlicht, oftmals kennen wir sie aber gar nicht. Sie liegen ja in unserem Unterbewusstsein verborgen. Leider sind nicht alle diese Glaubenssätze unserem Wohlbefinden und schon gar nicht unserer Karriere förderlich. Erinnere dich an die Ausreden, über die wir im Kapitel »Dein Commitment« gesprochen haben. Das sind solche Glaubenssätze, echte Barrieren, die aus Erfahrungen in unserer Vergangenheit entstanden sind.

Hier noch ein paar weitere populäre Beispiele:

Ungesunder Glaubenssatz 1: »Ich muss perfekt sein, um gesehen und geliebt zu werden.«

Toxischer Glaubenssatz 2: »Ich bin egoistisch, wenn ich meine eigenen Bedürfnisse und Wünsche priorisiere.«

Schädlicher Glaubenssatz 3: »Egal was ich mache, ich bin nie gut genug.«

Unerwünschter Glaubenssatz 4: »Erfolg bedeutet, hart zu arbeiten und wenig Freizeit zu haben.«

Schlechter Glaubenssatz 5: »Geld ist die Wurzel allen Übels.«

Kommt dir der ein oder andere dieser Glaubenssätze bekannt vor? Diese Liste lässt sich unendlich fortführen. Ich bin in persönlichen Gesprächen immer wieder überrascht zu hören, mit welchen furchtbaren Thesen über sich selbst viele Menschen durchs Leben gehen. Glaubst du, dass solche Dogmen dich auf deinem Weg eher stützen oder blockieren?

Erinnere dich bitte an den »Stream of Consciousness« aus dem Kapitel »Dein Bewusstsein«. Während dieser Übung bist du sicher auf den ein oder anderen Erfolgsverhinderer gestoßen. Weil es so wichtig ist, diese loszuwerden, gebe ich dir noch eine kleine Übung für dein Unterbewusstsein an die Hand:

Finde während deines »Stream of Consciousness« heraus, welche Glaubenssätze dich tatsächlich zurückhalten oder gar ausbremsen. Immer wenn du auf eine dieser Thesen stößt, schreib sie dir auf und formuliere sie positiv um.

Aus Satz 1 kann werden: »Ich bin wertvoll und liebenswert, so wie ich bin, mit all meinen Stärken und Schwächen.«

Aus 2 kannst du machen: »Es ist gesund und auch notwendig, meine Bedürfnisse und Wünsche zu priorisieren. Ich kann mich nicht effektiv um andere kümmern, wenn ich nicht zuerst für mich selbst sorge.«

Glaubenssatz 3 kannst du verwandeln in: »Ich bin großartig, genau so, wie ich bin. Mein Wert ist unabhängig von meiner Leistung, meinem Aussehen oder dem, was andere über mich denken.«

Aus 4 kann werden: »Erfolg bedeutet, eine Balance zwischen Arbeit und Freizeit zu finden. Ich kann erfolgreich sein und trotzdem Zeit für mich und meine Lieben haben.«

Last but not least kannst du Satz 5 so umformulieren: »Geld ist ein Werkzeug, das mir helfen kann, meine Ziele zu erreichen und anderen zu helfen. Es ist weder gut noch schlecht an sich, sondern hängt davon ab, wie ich es verwende.«

Diese Ersatzüberzeugungen sind nicht nur Affirmationen, die du häufig wiederholen kannst. Handle von nun an auch so, dass sie zu positiven Überzeugungen werden. Wenn dir das noch schwerfällt, finde Rollenmodelle, die diese Überzeugungen verkörpern. Vielleicht hast du so jemanden ja bereits in deinem Umfeld? Je mehr du diese Glaubenssätze durch neue Formulierungen, Gedanken und Taten stärkst, desto schneller hast du sie verinnerlicht und in dein Denken und Handeln integriert.

MERKE

Es ist keine Schande, wenn du dir für diese Arbeit mit dir und deinem Unterbewusstsein Unterstützung suchst. Das können beispielsweise Coaches, Mentorinnen oder Therapeuten sein. Hilfe anzunehmen, macht dich nicht schwach. Im Gegenteil, es kann dich kurz- und langfristig deutlich stärken.

Warum wir unser Unterbewusstsein steuern dürfen?

Vielleicht fragst du dich jetzt: »Warum der ganze Aufwand? Mir geht's doch gut.«

Ich lehne mich mal etwas aus dem Fenster: Wenn du dort, wo du gerade in deinem Leben und in deinem Business stehst, zufrieden und glücklich wärst, würdest du dieses Buch nicht lesen. Aber um dir das Potenzial aufzuzeigen, das in den Veränderungen steckt, habe ich dir noch ein paar Anreize aufgeschrieben:

Grund 1: Hinterfragst du deine Glaubenssätze, ermöglichst du dir, dich weiterzuentwickeln und zu wachsen. Du entdeckst neue Perspektiven und Möglichkeiten, die dir sonst vielleicht entgangen wären und förderst Selbstreflexion und Bewusstsein – beides grundlegende Bausteine für dein persönliches Wachstum.

Grund 2: Du bekommst die Chance, dein persönliches Potenzial vollumfänglich auszuschöpfen.

Grund 3: Du verbesserst deine Lebensqualität: Negative oder falsche Glaubenssätze setzen uns oft unter Stress, machen uns Angst und führen zu Unzufriedenheit. Indem du sie hinterfragst und umprogrammierst, tust du aktiv etwas für deine Gesundheit und dein Wohlbefinden.

Grund 4: Du hast die Chance, flexibler und anpassungsfähiger im Umgang mit den Herausforderungen des Lebens zu werden. Das wiederum ermöglicht dir, Unsicherheiten und Rückschläge besser zu bewältigen. Du steigerst deine Resilienz.

Grund 5: Oft sind unsere Glaubenssätze durch Erziehung, Kultur oder soziale Erwartungen geprägt. Das Hinterfragen dieser Glaubenssätze ermöglicht dir, unabhängige Entscheidungen zu treffen und dein Leben nach deinen eigenen Werten und Überzeugungen zu gestalten.

MERKE

Die Umprogrammierung deines Unterbewusstseins ist ein Prozess und eine Reise, die Commitment, Geduld und Zeit erfordern. Jahrzehntelang gespeicherte Glaubenssätze lassen sich nicht über Nacht verändern. Aber mit Beständigkeit und Engagement kannst du die Macht deines Unterbewusstseins nutzen, um positive und dauerhafte Veränderungen in deinem Leben zu schaffen. Geh bitte nicht zu verbissen an die Sache heran, sondern sei dir gegenüber stets freundlich, nachsichtig und verständnisvoll. Am besten feierst du jeden deiner kleinen und großen Fortschritte. Denkst du noch an deine Hymne? Es lohnt sich, sie nach jedem Fortschritt »aufzulegen« und Party zu machen.

Was bringt mir das für mein Business?

Du bist dein Business. Also jede Veränderung, die dir selbst guttut, ist auch ein Gewinn für dein Business. Du bist ja deine authentische Personenmarke. Aber lass uns mehr ins Details gehen und schauen, was die Umprogrammierung deiner Glaubenssätze alles für dein Business verändern kann.

1. Steigerung der Kreativität und Lösungsfindung

Durch falsche Glaubenssätze schränken wir oft unser kreatives Denken ein und finden dadurch schlechter Lösungen. Ich erlebe immer wieder das meine Kundinnen den Wachstum ihres Businesses blockieren, weil sie denken, dass alles perfekt sein muss und keiner die Arbeit so gut erledigt, wie sie selbst. Oder sie haben große Angst davor, dass sie ein Team niemals bezahlen können. Aber keiner kann alles können und vor allem schaffen. Jeder deiner Tage hat nur 24 Stunden.

Wenn du stattdessen weißt »Ich finde ein Team, das super zu mir und meiner Vision passt, mit dem ich gemeinsam mein Business wachsen lassen kann, sodass ich alle immer gut bezahlen kann und trotzdem bleibt mehr als genug Geld für mich übrig«, schaffst du die Basis dafür, dass dein Business so richtig durch die Decke geht.

2. Steigerung der Empathiefähigkeit

Wenn du deine eigenen Glaubenssätze hinterfragst, erweiterst du dein Verständnis dafür, wie unterschiedlich Perspektiven und Erfahrungen anderer Menschen sein können. Du befähigst dich, tiefer in die Wünsche und Bedürfnisse deiner Kunden und Kundinnen einzutauchen und unerwartete Reaktionen nachzuvollziehen. Ich sage nicht, dass du dir von nun an alles bieten lassen solltest. Aber das Verständnis für eigene Trigger schärft häufig auch den Blick auf Trigger-Reaktionen anderer und ermöglicht eine empathische Reaktion, die für ein gesundes Miteinander sorgt.

3. Erleichterung des Wandels

Egal wie sehr wir uns wünschen, dass alles so bleibt, wie es ist. Das wird nie passieren. Zurzeit verändern sich viele Sparten so rasant, wie nie zuvor, zum Beispiel durch künstliche Intelligenz. Wenn du die Haltung vertrittst, dass Veränderungen notwendig und gut sind, kannst du dich selbst, aber auch dein Team besser an Marktveränderungen anpassen und dein Geschäft zukunftssicher machen.

4. Mit Mut in die Sichtbarkeit

Wenn du hinter dir lässt, was dich zurückhält und dir Angst macht – das sind nun mal oft falsche Glaubenssätze – wird der Schritt in die Sichtbarkeit leicht. Ohne die ständigen Zweifel daran, ob du schön genug, gut genug, schlank genug, professionell genug und so vieles mehr bist, kannst du dich und deine Kompetenz offen zeigen und sogar stolz darauf sein. Denn nur, wenn du gesehen wirst, kannst du zeigen, was du drauf hast und damit verkaufen.

5. Mit Selbstverwirklichung zum Traum-Business

Wenn ich alles geglaubt hätte, was ich so dachte, wäre ich heute niemals da, wo ich bin. So wie mir geht es vielen. Wenn du dir dein Traum-Business aufbauen willst, dann ist es essenziell, dass du dich selbst verstehst, aber auch hinterfragst, wo du dich mit Glaubenssätzen wie »Das kann ich doch eh nicht« oder »Das kauft doch keiner« blockierst. Wenn du weißt, »mit dem richtigen Weg und authentischer Sichtbarkeit ziehe ich passende Kunden und Kundinnen magisch an«, baust du dein Traum-Business schneller auf, als du damit rechnest.

Wie gelingt mir das?

Es gibt viele Methoden, um dein Unterbewusstsein steuern zu lernen. Eine, wie ich finde, sehr wirksame und nachhaltige, ist die Selbsthypnose. Das Beste daran: Du kannst sie wirklich leicht erlernen und anwenden. Vielleicht fragst du dich jetzt, warum sie so wirksam ist. Weil sie dort ansetzt, wo sich unsere falschen Glaubenssätze manifestiert haben – im Unterbewusstsein.

Generell öffnet Hypnose unsere Tore zum Unterbewusstsein. Als Kinder haben wir wenige bis gar keine Türen, die das Unterbewusstsein abschotten. Mit immer mehr Erlebnissen und Erfahrungen bauen wir sie aber ein, um uns selbst zu schützen. Schließlich ist ja nicht alles, was wir erleben, positiv und wir wollen nicht ständig mit voller Wucht getroffen werden, wenn etwas passiert. Damit wäre unsere Seele überfordert. Diese Türen sind also völlig normal und sinnvoll. Viele Menschen haben diese Tore aber mit mehrfachen Schlössern geschützt und die Schlüssel dafür vorsichtshalber gleich weggeworfen. Dann wird es problematisch. Denn dann lassen wir uns von unserem Unterbewusstsein steuern, ohne eine Chance auf Einflussnahme. Wenn wir diese Türen aber zumindest einen Spalt breit öffnen, schaffen wir es hinter die Tore und können unser Unterbewusstsein bewusst und in unserem Sinne beeinflussen.

Dafür brauchst du:

1. Raum und Ruhe für dich

Ziehe dich an einen Ort zurück, an dem du sicher weißt, dass du zumindest fünfzehn bis zwanzig Minuten ungestört sein kannst.

2. Einen bequemen Platz

Entspann dich. Ob du bei der Selbsthypnose sitzt oder liegst, ist egal. Hauptsache, du fühlst dich wohl und sicher, damit du dich entspannen kannst.

3. Bereitschaft und Offenheit für Veränderungen

Im Gegensatz zur landläufigen Meinung, die von Hollywoodfilmen und Gerüchten genährt wird, kann nicht jeder einfach mal eben so hypnotisiert werden oder sich selbst hypnotisieren. Die Wirksamkeit und die Tiefe, die du erreichst, hängt von deiner Bereitschaft und deiner Offenheit für Veränderungen ab. Wenn du dich aber darauf einlässt, kannst du selbst als Hypnose-Anfänger erstaunliche Ergebnisse erzielen.

4. Fokus auf deine Ziele

Wenn du dir vor jeder Hypnose klar machst, warum du gerade nicht das tust, was du eigentlich gerne tun möchtest, wie und warum du diesen Zustand verändern möchtest, desto leichter fällt es dir, offen zu sein.

5. Journaling

Dieser Punkt ist kein Muss, aber ich empfehle dir vor und auch nach einer deiner Hypnose-Sessions zu schreiben. Überlege dir vorher, was genau du verändern möchtest und wie du die Veränderung angehen willst und notiere dir diese Gedanken. Das unterstützt dich bei gezielten Veränderungen und hält dich davon ab, wegzudriften und das Ruder abzugeben. Schreib dir nach deiner Session auf, was du unter Hypnose gesteuert und verändert hast. Das hilft beim Manifestieren all der neuen und positiven Glaubenssätze, die auf deine Ziele und Visionen einzahlen.

ANREGUNG

Hier geht es zu einer geführten Hypnose für dich zum Ausprobieren:

MERKE

Hypnose ist ein wirksames Tool. Für tiefergehende Veränderungen, die eventuell sogar Traumata aufdecken können, nimm auf jeden Fall die Hilfe von Spezialisten wie Psychotherapeut:innen in Anspruch. Die Selbsthypnose, über die wir hier sprechen und die ich dir an die Hand geben möchte, programmiert lediglich deine Haltung zum Leben um, wenn du sie regelmäßig durchführst. Sie sorgt dafür, dass du falsche Glaubenssätze positiv konnotieren kannst. Sie heilt keine Traumata und kann eine Therapie nicht ersetzen, wenn diese nötig ist.

Wenn du meine gesprochene Hypnose oder auch deine selbst entwickelte Hypnose öfter durchgeführt hast, brauchst du wahrscheinlich bald schon weniger Zeit und vor allem auch weniger Mühe, um dich selbst in einen Trancezustand zu bringen. Ich kenne Menschen, die setzen sich hin, schließen ihre Augen und schon sind sie »weg«, greifen auf ihr Unterbewusstsein zu und verändern ihr Leben zum Positiven.

Schritt 4 – Deine Emotionen

Wusstest du, dass jedem Gefühl ein Gedanke vorausgeht? Das heißt, alles, was du den lieben langen Tag fühlst, entspringt dem, was du über Situationen denkst, in denen du dich befindest. Diese Gedanken, zu denen auch die Glaubenssätze gehören, haben wir uns über die Jahre angeeignet. Den Einfluss der Gedanken auf unsere Emotionen sollten wir uns aber näher anschauen. Wenn jeder Emotion eine kognitive Idee vorausgeht, sollten wir sehr genau auf das achten, was wir denken. Sind unsere Reflexionen negativer Natur, lösen sie in der Regel auch ein negatives Gefühl aus. Wer hingegen positiv denkt, beeinflusst auch seine Emotionen positiv. Das kannst du übrigens ganz leicht testen. Schau dir doch die Menschen in deinem Umfeld einmal genauer an. Wir kennen doch alle Menschen, für die das Glas immer halb leer ist. Wie häufig erlebst du, dass jemand mit dieser Geisteshaltung sich wohlfühlt und das auch zeigt? Wohl eher selten bis gar nicht. Strahlen Personen hingegen aus, dass ihr Glas stets halb voll ist, fühlen sie sich häufig gut in ihrer Haut, in der Gesellschaft und mit dem, was sie tun. Deshalb ist es so wichtig, die Beziehung unserer Gedanken mit dem, was wir fühlen, zu betrachten.

Dein Körper und dein Nervensystem

Es sind aber nicht nur unsere Gedanken, die das, was wir fühlen, beeinflussen, sondern auch unser Körper. Wie sagt man so schön: Der Körper ist der Spiegel unserer

Seele. Alles, was wir fühlen, strahlen wir aus. Und alles, was wir erlebt haben und erleben, manifestiert sich auch körperlich. Um genau zu sein, sind es Traumata, die sich über feststeckende Emotionen äußern. Solange die in uns stecken, können wir nicht anders agieren – wir reagieren auf alles, was diese Emotionen triggert. Hinzu kommt noch, dass wir alle ständig einer Unmenge an Reizen ausgesetzt sind und unser Nervensystem den ganzen Tag über immer wieder im Fight-or-Flight-Modus festhängt. Und wir merken das noch nicht einmal. Wir haben uns daran gewöhnt, dass wir unter permanentem Stress stehen: Laute Musik, Verkehrsgeräusche, ständiges Pingen und Blingen irgendwelcher Messenger Apps und vieles mehr schaffen eine dauerhafte Geräuschkulisse, die uns stresst und für ein dysreguliertes Nervensystem sorgt. Das geht so weit, dass viele Menschen ohne Geräuschkulisse nicht einschlafen können. Stille überfordert in dem Moment, in dem wir endlich einmal runterfahren können, unser ganzes System. Wir schaffen es nicht, abzuschalten und lassen unserem Nervensystem damit keine Möglichkeit zur Regulierung. Wir schlafen schlecht und wachen gerädert wieder auf.

Deinen Alltag kannst du so vielleicht eine Weile bestreiten. Aber spätestens wenn du ein eigenes Business führst, fällt dir diese Art zu leben auf die Füße. Das Stresslevel ist einfach zu groß. Du brauchst deine volle Kraft, um das zu wuppen und dabei gesund zu bleiben. Als Selbstständige oder Unternehmerin bekommst du deine Dämonen dauernd kalt serviert. Selbst Ängste, von denen du nicht geahnt hättest, dass du sie hast, werden an die Oberfläche gespült. Wenn dann noch Schlafmangel, schlechte Ernährung und wenig Zeit in der Natur oder Bewegung dazu kommen, dann ist das ein toxischer Cocktail. Keine gute Idee, den auf Dauer zu uns zu nehmen. So hast du kaum eine Chance, wenn du in einer negativen Gedankenspirale hängst, je herauszukommen. Und das ist ein wichtiger Schritt, um deine Gedanken positiv zu beeinflussen und sie in deinem Körper zu manifestieren und so Schritt für Schritt zu deiner Realität werden zu lassen. Wie das im Detail geht, verrate ich dir etwas später. Lass uns an dieser Stelle noch einmal auf das Zusammenspiel von Gedanken und Emotionen schauen.

Gedanken und Interpretationen

In der Sozialwissenschaft nennt sich das Ganze Kognitionstheorie der Emotionen. Sie geht auf den amerikanischen Psychologen Albert Ellis (1913-2007) zurück, der damit den Grundstein für das gelegt hat, was wir heute als kognitive Verhaltenstherapie aus der Psychotherapie kennen. Wichtig für dich ist, dass Ellis sich mit der Beziehung zwischen Gedanken, also Kognitionen, und Emotionen beschäftigt hat. Er arbeitete mit dem so genannten ABC-Modell, das ich dir hier kurz erklären möchte. A ist das auslösende Ereignis, das über B, den Filtern unserer Bewertungen, Gedanken und Überzeugungen zur emotionalen Reaktion C (Consequence) führt.

Ein Beispiel: Du hast gerade eine Fortbildung absolviert und musst jetzt eine Prüfung ablegen.

Die Prüfung ist also A, das auslösende Ereignis.

Jetzt hast du eine Auswahl an möglichen Gedanken, die dir im Vorfeld der Prüfung durch den Kopf gehen können. Diese Gedanken sind B, deine Bewertung.

Zum Beispiel:

Satz 1. »Ich schaffe das locker, ich bin gut vorbereitet und gut in dem, was ich da tue.«

Satz 2. »Prüfungen waren noch nie mein Ding; ich falle bestimmt durch, egal wie gut ich mich vorbereitet habe. Das wäre furchtbar!«

Satz 3. »Ich habe keine Ahnung, was ich da tue und keine Chance, diese Prüfung zu bestehen.«

Satz 4. »Ich bin mir zwar sehr sicher, dass ich die Prüfung bestehe. Wenn nicht, ist das aber auch kein Weltuntergang. Dann mache ich sie halt noch mal.«

Nach Ellis lösen diese Gedanken dann in der Konsequenz deine Emotionen aus.

Während Satz 1 und Satz 4 hilfreiche Gedanken sind, wird es dich kaum wundern, dass du dich mit diesen deutlich wohler und sicherer fühlst als mit den Sätzen 2 und 3, die dem gewünschten Ergebnis gegenüber ziemlich kontraproduktiv wirken. Damit löst du Ängste aus, verstärkst vorhandene Selbstzweifel und bringst dich in eine negative Stimmung.

Erinnerst du dich an das Zitat von Autopionier Henry Ford aus Schritt 1 »Dein Bewusstsein«? Weil das so wichtig ist, wiederhole ich es hier noch einmal:

»Ob du denkst, dass du es kannst oder nicht, du wirst immer recht behalten.« Heißt so viel wie: »Wenn du denkst, dass du deine Prüfung versemmelst, behältst du recht, und wenn du glaubst, du schaffst sie, behältst du ebenfalls recht.«

Die Macht der Gedanken

Eine verhauene Prüfung mag noch nicht so dramatisch für dich sein. Aber die vielen negativen Emotionen, die negative Gedanken auslösen können, beeinflussen dein Leben und deinen Erfolg maßgeblich. Zu den häufigsten gehören:

1. Angst

Kreisen deine Gedanken um Zukunftssorgen, fühlst du dich schnell ängstlich und gestresst. Du neigst zu Reflexreaktionen und triffst schnell Entscheidungen, die weder für dich noch für dein Business von Nutzen sind.

2. Hoffnungslosigkeit

Ich habe schon erlebt, dass negative Gedanken über sich selbst, die Welt oder die Zukunft große Traurigkeit und Hoffnungslosigkeit auslösen können, die bis hin zu einer depressiven Phase reichen können. Was alle diese Gefühle gemeinsam haben: Sie lähmen dich und schränken damit dein Fortkommen und deine Flexibilität massiv ein. Beides keine guten Voraussetzungen für Glück und Erfolg.

3. Wut

Der Grat von negativen Gedanken über Frustration, Ungerechtigkeiten oder Verletzungen bis zur offenen Wut verläuft schmal. Viele sammeln diese Wut über einen langen Zeitraum und wundern sich, wenn sie dann ungefiltert in Situationen austritt, die nicht gut für sie sind. Wer möchte schon eine Kundin anschreien oder sich lautstark mit dem Finanzamt streiten? Die Wut herunterzuschlucken ist aber auch keine gute Lösung. Psychosomatische Erkrankungen wie Magenprobleme, Bluthochdruck, Herzprobleme und Schlafstörungen können die Folge sein.

4. Schuld

Wenn du dich auf vermeintliche Fehler oder Mängel konzentrierst, führt das häufig dazu, dass du dich dafür schämst, nicht perfekt zu sein. Oder du dich schuldig fühlst, weil du eine Hürde nicht übersprungen hast, selbst wenn es eine von dir selbst gelegte war.

5. Isolierung

Wer über sich schlecht denkt, sich für nicht gut genug hält, fühlt sich schnell ungeliebt und einsam. Ein typisches Muster, dem viele in so einer Situation folgen: Du denkst, du musst etwas erfüllen, um etwas anderes zu bekommen. Du musst schöner sein, um geliebt zu werden. Du musst fleißiger sein, um Erfolg zu haben. Du musst bescheidener sein, um Anerkennung zu erhalten.

MERKE

Bitte verzweifle nicht daran. Es ist völlig normal, dass du diese Emotionen von Zeit zu Zeit erlebst. Problematisch wird es nur, wenn sie übermäßig auftauchen, sogar chronisch werden. Dann beeinträchtigen sie deinen Alltag und dein Wohlbefinden so sehr, dass du dich dauerhaft überfordert fühlst. Wenn du selbst keine Bewältigungsstrategie für Gefühle entwickelst, die durch negative Gedanken ausgelöst werden, hol dir unbedingt Hilfe von Coaches oder Therapeut:innen.

Noch mehr ABC

Stell dir vor, du musst deine Arbeit vor einem Kunden präsentieren. Das Feedback (A) fällt kritisch aus. Wenn deine Überzeugung (B) heißt, »Ich muss immer perfekt sein«, und jede Form der Kritik ein Zeichen dafür ist, dass du versagt hast, reagierst du schnell mit den Emotionen (C) Angst oder Scham. Wenn deine Überzeugung lautet, »Jedes Feedback ist eine Chance, um zu lernen und zu wachsen«, und wenn es in Ordnung für dich ist, Fehler zu machen, fühlst du eher Motivation und Entschlossenheit, dich zu verbessern.

Es ist essenziell wichtig und gesund für dich, positiv zu denken. Die Art und Weise, was du von dir und der Welt glaubst, beeinflusst alles, was du fühlst und tust. Solange du dich auf das Negative konzentrierst, wirst du Negatives fühlen. Denkst du positiv, wird dich auch Kritik nicht aus der Bahn werfen. Du bist resilient. Versuche also stets eine positive Haltung zu kultivieren. Erinnere dich an Schritt 1 und Schritt 2. In Sachen Emotionen spielen Bewusstsein für die eigenen Gedanken und daraus resultierende Emotionen eine wesentliche Rolle dafür, sie zu steuern. Frag dich also stets:

1. Wie fühlt es sich an, wenn ich glücklich, traurig, wütend oder ängstlich bin?
2. Welche Situationen oder welche Gedanken lösen diese Gefühle aus?

Wenn du diese Fragen beantworten kannst, lassen sich emotionale Reaktionen gut erkennen und viel einfacher steuern und damit für dich zum Positiven wenden.

Was bringt das für dein Business?

Stell dir vor, du möchtest dein Business über das Internet und über Social Media bewerben. Diese Möglichkeit ist super günstig, ohne Anzeige sogar kostenfrei, und du kannst schnell sichtbar werden und damit alle deine anderen Marketing- und Sales-Maßnahmen positiv unterstützen. Also warum solltest du sie nicht nutzen? Mir ist klar, dass viele trotzdem eine Abneigung gegen diese Sichtbarkeit haben, die uns alle diese Plattformen liefern können. Ein großes Thema ist zum Beispiel die Angst vor Shitstorms, falschen oder zumindest diskussionswürdigen Aussagen, die in der Luft zerrissen werden könnten und vieles mehr. Dieser Angst geht immer der Gedanke an die mögliche Bedrohung voraus. Wenn du so einen Gedanken mit dir herum trägst, ist alles, was dich sichtbar macht, mit der Angst vor Kritik aufgeladen, und das, was du zeigst, stets mit einem unguten Gefühl verbunden. Ich gebe dir gern ein konkretes Beispiel, das mir häufig begegnet:

Ein Produkt – nehmen wir zum Beispiel einen Videokurs – soll zu einem auf den ersten Blick hohen Preis über Social Media verkauft werden. Du hast viel Arbeit in die Verkaufsstrategie gesteckt, einen Funnel vorbereitet und dir zusätzliche Expertise eingekauft. Im Grunde kann es jetzt losgehen. Doch, obwohl du weißt, dass der Preis angemessen ist, fragst du dich: »Wer soll diesen Preis bezahlen? Wo sollen die Kund:innen dafür herkommen?« Diese Haltung schwingt, sobald sie auftaucht, immer mit. Die Gedanken mögen scheinbar ganz banal sein. Doch sie werden zu einer echten Belastung, wenn du sie nicht loslassen kannst. Denn du nimmst sie mit in die Videoaufzeichnungen, die du für die Bewerbung brauchst. Jedes Mal, wenn du online oder auch offline über deinen Kurs sprichst, schwingt stets die Angst mit, dass du zu diesem Preis keine Kund:innen erhältst. Vielleicht fällt dir das gar nicht auf. Für dich ist diese Angst ja alltäglich. Aber deine Zuschauer:innen werden deine Zweifel bemerken – unbewusst. Sie hallen in jedem deiner Sätze wider und halten sie vom Kauf ab. Du strahlst aus: Ich bin mir nicht sicher, ob jemand diesen Kurs kauft, also kauft ihn auch kein:er. Der erste Verkauf geht immer an dich selbst. Wenn du nicht Feuer und Flamme für dein Produkt bist, wie sollen die anderen das dann sein? Steve Jobs beispielsweise war bis ins Mark von seinen Produkten und seiner Vision überzeugt. Genau wie Walt Disney, Elon Musk oder Oprah Winfrey. Wo sie das hingebracht hat, weißt du selbst. Wenn du also genauso begeistert von deiner Arbeit bist und von dem, was du bewirkst, dann nimmst du andere Menschen mit und steckst sie förmlich mit deinen positiven Emotionen an.

Deshalb ist es so wichtig, dass du als Unternehmer:in, als Personenmarke und Mensch, der in die Sichtbarkeit geht und sich ein authentisches Business aufbaut, täglich die eigenen Emotionen beobachtest. Du brauchst das Bewusstsein dafür, welche Gedanken diesen Emotionen vorausgehen und die Fähigkeit zu hinterfragen: »Dienen diese Gedanken meinem Ziel und rufen sie für das Ziel dienliche Emotionen hervor? Oder sind sie völlig konträr zur Zielsetzung und damit kontraproduktiv?«

Wenn du deine Gedanken nicht bewusst wahrnimmst, werden deine Emotionen dich überwältigen, dich beeinflussen und dein Potenzial künstlich klein halten.

MERKE

Zum Verständnis: Ich sage dir nicht, du sollst deine Gefühle unterdrücken. Das wäre fatal. Emotionen bahnen sich immer ihren Weg. Ich bin aber überzeugt davon, dass du nicht alles glauben solltest, was du fühlst, weil es häufig das Ergebnis von Gedanken ist, die deinem Wohlbefinden und deinem Erfolg entgegenstehen. Denn diese fixen Ideen, die sich manchmal in unserem Kopf festsetzen, entsprechen nicht automatisch der Realität, nur weil wir sie denken. Im Gegenteil – sie sind oft »manipuliert« von anderen Menschen und Umständen. Teils geschieht das absichtlich, teils ohne (schlechte) Intention.

Erfolgsverhinderin Komfortzone

Ein Paradebeispiel dafür, wie du dich selbst klein hältst, ist deine Komfortzone. Vielleicht kennst du das: Du spürst in dir ganz stark, dass du einer Tätigkeit unbedingt nachgehen solltest. Eine innere Stimme sagt dir laut und deutlich: »Mach unbedingt diese eine Sache!« Du tust es aber nicht, weil deine Komfortzone dir im Weg steht. Ich finde ja den Begriff schon fehlleitend. Es gibt sicher viele Menschen, die innerhalb ihrer Komfortzone tatsächlich Komfort empfinden. Doch Menschen würden nicht so häufig die Unterstützung von Coaches und Mentor:innen suchen, wenn es mit dem Wohlbefinden wirklich so weit her wäre.

Ich zeige dir an einem persönlichen Beispiel, was ich meine. Ich verspürte schon eine Weile diesen Drang, der mir sagte: »Geh auf die Bühne!« Vielleicht hast du einen ähnlichen Wunsch und denkst vielleicht – wie ich – »Ich kann das nicht, weil ich Lampenfieber habe« oder »Ich bin nicht gut genug, um auf einer Bühne zu stehen und Vorträge für andere zu halten. Das muss mir erst noch jemand anderes beibringen«. Du prokrastinierst. Du belegst beispielsweise erst noch einen Kurs. Wenn du den Kurs erfolgreich absolviert hast, fällt dir etwas anderes ein. Das könnte so was sein wie: »Ich bin noch nicht bereit, weil ich noch keine Keynote habe.« Sehr beliebt ist auch die Ausrede, dass gerade nicht der richtige Zeitpunkt dafür ist. Ich finde es bemerkenswert, was uns für tolle Ausflüchte einfallen, wenn wir uns nicht so richtig trauen, aus unserer Komfortzone herauszutreten. Gefühle wie Angst vor der eigenen Courage hängen ganz eng mit Prokrastination und Perfektionismus zusammen.

MERKE

Zusammenfassend kann man sagen: Dein Gedanke führt zu deiner Emotion. Diese Emotion führt zur Aktion und die Aktion führt zu der Realität, in der du lebst. Wenn dich Angst steuert, du aber nicht weißt, welche Gedanken dahinter stecken, kannst du nichts dagegen tun. Dann passieren solche Symptome wie Prokrastination, Perfektionismus oder so genannte Wenn-dann-Gedanken: »Wenn ich 1.000 Follower habe, kann ich anfangen zu verkaufen« oder »Ich brauche erst das, damit ich ...«

Du siehst, das Bewusstsein über deine eigenen Gedanken und damit die Steuerung der eigenen Emotionen ist wichtig für deine Sichtbarkeit und den Aufbau deines authentischen Business. Ich bin inzwischen schon einige Jahre im Geschäft und trotzdem schaue ich mir meine Emotionen jeden Tag genau an. Besonders die Gedanken, die hinter den Emotionen stehen, analysiere und hinterfrage ich.

Nimm zum Beispiel einen negativen Kommentar unter einem Beitrag von mir. Betrachte ich ihn durch die Brille meiner Bewertung, empfinde ich ihn als Angriff, weil er meine Urangst, nicht gut genug zu sein, um geliebt zu werden, getriggert hat. Mein Mann und meine Klientinnen empfanden und bewerteten den Kommentar hingegen ganz anders.

Präsenz ja, Realität nein

Wenn du verinnerlicht hast, dass den Film in deinem Kopf außer dir keiner sieht, ist die Hälfte der Arbeit getan. Allerdings bleibt das Gefühl noch da. Im nächsten Schritt gilt es daher, nichts zu unterdrücken. Denn um eine Emotion wirklich loslassen zu können, darfst du sie nicht ignorieren, selbst wenn du weißt, dass sie nicht der objektiven Realität entspricht. Bleib deshalb in solchen Moment präsent in deinem Gefühl. Ich zeige dir gleich, wie du es mit Hilfe meiner Embodiment-Techniken durch deinen Körper fließen lassen kannst, ohne es zu unterdrücken und ohne, dass es dich davon abhält, nach vorne zu gehen. Daran arbeite ich übrigens selbst seit Jahren täglich. Wenn du die Technik zur Gewohnheit machen möchtest, ist Regelmäßigkeit entscheidend.

Sie ist besonders wichtig, weil unser Kopfkino immer wieder automatisiert abgespielt wird. Vor allem, wenn du sichtbar bist, passiert zumindest hin und wieder etwas, womit du nicht rechnest. Nur, wer Ecken und Kanten zeigt, an dem können auch Menschen hängenbleiben – positiv wie negativ. Es gibt genug Hass im Netz, genug Leute, die einfach nur darauf abzielen, dich runterzumachen.

Im Optimalfall ist dir so was völlig egal und du machst einfach unbeirrt weiter. Leider können das die wenigsten von uns. Deshalb brauchst du in Momenten der Kritik und Anfeindung, Klarheit über die Emotionen, die dadurch bei dir ausgelöst werden. Erlaube dir unbedingt, diese Emotionen nicht nur zu haben, sondern sie auch zu fühlen. Das ist superwichtig. Denn wir neigen eher zu Reaktionen à la »Ich fühle mich ängstlich, also schiebe ich das weg«. Genau das eben nicht zu tun, dahin führt der Weg. Ängste versetzen dich in Stress. Und unter Stress kannst du keine Entscheidungen treffen, die dich langfristig nach vorne bringen. Er limitiert dich auf antrainierte Reflexe und verhindert, dass du wächst. Das Ziel ist, deine Gefühle wahrzunehmen, sie anzunehmen und sie gehen zu lassen. Diese Veränderung im Umgang mit deinen Emotionen braucht allerdings Zeit. Sei geduldig und liebevoll mit dir, während du diese neuen Strategien erlernst und anwendest. Rom wurde schließlich auch nicht an einem Tag erbaut.

Wie gelingt mir das?

Meine Lieblingsmethode, die ich dir hier vorstellen möchte, heißt »Emotional Freedom Technique«, kurz EFT. Mit dieser Methode kannst du deine Emotionen spüren und sie durch den Körper abfließen lassen. Das heißt, kein Emotionsstau aufgrund unterdrückter Gefühle und langfristig auch das Ende deines Kopfkinos. Stattdessen bewertest du deine Emotionen neu und bereitest dein Nervensystem für eine Zukunft vor, in der du alles haben kannst, was du dir wünscht.

So funktioniert's:

Mit den Spitzen von Zeige- und Mittelfinger klopfst du sanft auf Meridianpunkte, die dadurch stimuliert werden. Gefühle wie Wut, Stress und Angst werden gelindert.

ANREGUNG

Ich habe dir hier ein Sheet mit den wichtigsten Meridianpunkten zusammengestellt:

Wenn du dort sanft klopfst, aktivierst du die Hauptmeridiane im Körper. Dadurch setzt du angestaute Energien wieder frei und lässt sie somit aus deinem Körper entweichen.

Übung

Meine eigene EFT-Methode setzt zunächst auf den Abbau von allem, was du loswerden möchtest, und bereitet dein Nervensystem schon einmal auf deine rosige Zukunft vor. Damit kannst du dich auch gleich auf Erfolg »programmieren«:

Step 1: Ziele sammeln
Sammle zunächst einmal Ziele, die du erreichen möchtest. Die Sammlung kann ruhig umfangreich sein und alle deine Lebensbereiche abdecken. Am besten notierst du sie dir und schaust die Liste immer wieder an, damit du sie nicht aus dem Fokus verlierst.

Step 2: Ängste sammeln
Dann überlege dir, welche Ängste und Hürden dir beim Erreichen deiner Ziele im Weg stehen könnten. Was könnte dich stoppen?

Step 3: Ängste wegklopfen
Vielleicht hast du schon einmal von der Amygdala gehört. Sie ist das Zentrum der Angst im Gehirn. Hier entsteht das, was wir »Fight, Freeze or Flight«-Reaktion nennen – also die Entscheidung darüber, ob du in einer potenziell gefährlichen Situation kämpfst, wie gelähmt ausharrst oder doch lieber die Flucht antrittst. Unsere Vorfahren brauchten diesen Zustand, um zu überleben.

Heute sorgt dieser Automatismus eher für Probleme. Denn du siehst dich nur selten einem Mammut oder Säbelzahntiger gegenüber und hast meist genug Zeit, um nachzudenken, bevor du reagierst. Aber das sieht die Amygdala sehr antiquiert. Sie reagiert noch wie in der Steinzeit. Inzwischen bist du zwar »schlau« genug, um diese Reflexe nicht direkt umzusetzen. Da du deine Aufregung aber auch nicht buchstäblich abschüttelst, wie Tiere das tun, manifestiert sie sich im Körper und blockiert deine Energiebahnen. Diese klopfst du mit EFT frei und lässt damit angestaute Energie abfließen.

Das Klopfen begleitest du zum Beispiel mit Sätzen wie:

- »Ich lebe mein Traumleben, aber ich weiß immer noch nicht, ob ich alles haben kann und ich liebe und akzeptiere mich so wie ich bin.«
- »Ein Teil von mir hat Angst, dass ich nicht alles haben kann, was ich mir wünsche, aber ich akzeptiere mich, so wie ich bin.«

Diese beiden sind die Startsätze für den Handkantenpunkt, den du auf dem Meridian-Sheet weiter vorne findest. Dort beginnst du zu klopfen und wiederholst einen dieser Sätze dreimal hintereinander. Danach geht es weiter in den Rest des Körpers mit Sätzen wie:

- »Ich habe kein Vertrauen, dass ich alles haben kann, was ich mir wünsche.«
- »Ein Teil von mir zweifelt, dass ich wirklich alles haben kann.«

Du beginnst mit dem Klopfen am Kopf, gehst über die Augenbrauen, die Schläfen, die Nase und das Kinn bis hin zum Schlüsselbein und den Rippen direkt unter der Brust. Weil es aber viel einfacher ist, das zu sehen, als es nur erklärt zu bekommen, habe ich dir hier ein Video aufgenommen, in dem ich dir zeige, wie genau du vorgehst.

ANLEITUNG

Hier geht es zum Video:

Du kannst natürlich auch deine eigenen Begleitsätze entwickeln. Was ich dir hier an die Hand gebe, sind nur Vorschläge, die es dir leichter machen können.

Step 4: Im Kopf die Vision erschaffen

Noch in derselben Session wechselst du nach einigen Runden in eine Vision, die du dir Stück für Stück erschaffst. Um genau zu sein, bleibst du bei einer 15-Minuten-Session rund neun Minuten in der Angst, damit sie nachhaltig abfließen kann. Sechs Minuten lang gehst du dann in die Vision der Zukunft, der Neugier und der Begeisterung: Reise gedanklich ein Jahr in die Zukunft. Stell dir so genau wie möglich vor, was du bis dahin alles erreicht hast. Stell dir dein perfektes Leben vor. Es ist magisch und wunderschön. Du hast das alles erschaffen! Wie fühlt sich das an? Wie hört sich das an? Was spürt dein Körper und wie reagiert er? Verweile in dieser Zukunftsvision. Du kannst sie auch immer wieder ausweiten, sie noch heller malen. Deinen Visionen sind keine Grenzen gesetzt.

Dann klopfst weiter in derselben Reihenfolge mit Sätzen wie:

- »Ich bin neugierig auf das, was mich in meinem Traumleben erwartet.«
- »Ich freue mich darauf, mein Traumleben zu leben und mein Traum-Business zu haben.«
- »Ich bin stolz darauf, fünfstellige Monatsumsätze zu generieren.«
- »Ich bin gespannt, welche interessanten Menschen ich auf meiner Reise treffe.«

Du gehst in dieser Reihenfolge vor, um zunächst die Gefühle loszulassen, die dir im Weg stehen, um dein Nervensystem auf die neue Vision einzustimmen. Das klappt wirklich. Wissenschaftler haben in der Future of Memory Studie festgestellt, dass in unserem Gehirn ähnliche Aktivitäten stattfinden, wenn wir uns etwas vorstellen oder es tatsächlich erleben.[9] Deswegen empfindest du zum Beispiel, wenn du einen Film schaust, in einer brenzligen Situation ebenfalls Angst. Wenn es traurig wird, spürst du die Verzweiflung, und wenn es lustig zugeht, spürst du die Freude und das Glück der Figuren. Du kennst die Situation sicher, im Kino zu sitzen und die Geschichte so richtig mitzu(er)leben oder ein Buch zu lesen und dabei nicht zu merken, wie schnell die Zeit vergeht. Du bist völlig abgetaucht in der Story. So kann das auch in deiner EFT-Session funktionieren.

Wenn es nicht gleich klappt, gib nicht auf, sondern versuche es immer wieder, bis du dich dabei wohlfühlst, in deinen Körper kommst und dort die Emotionen abfließen lassen kannst und neuen Mut schöpfst. Nimm zwischendurch immer wieder einen tiefen Atemzug durch die Nase und atme lange durch den Mund wieder aus. Das entspannt dich ungemein und beruhigt nicht nur deinen Atem, sondern auch dein Nervensystem.

Schritt 5 – Deine Energie

Ein Punkt, den viel zu wenige einkalkulieren und den du unbedingt auf dem Zettel haben solltest, ist das Thema Energie – deine Energie. Sie ist die unsichtbare Kraft, die alles antreibt, die kleinste Atome ebenso bewegt wie Galaxien. In der Welt von Unternehmer:innen ist die Energie aber alles andere als metaphorisch – sie ist konkret, messbar und vor allem für den Erfolg unverzichtbar. Insbesondere beim Aufbau einer Personal Brand. Wenn du dich präsentierst, wird deine Energie sichtbar und zu einem sehr greifbaren Faktor, der dich von anderen unterscheidet. Wenn du verstehst, wie deine Energie fließt und bewusst mit ihr haushaltest, kann das dein Geschäftsmodell und damit dich und deine Marke so richtig nach vorne bringen. Grund genug, in dieses Thema tiefer einzusteigen und deine Energie unter verschiedenen Gesichtspunkten anzuschauen. Sie sind das Fundament deiner erfolgreichen Personal Brand.

1. Deine Zeit-Energie

Sie repräsentiert die Menge an Zeit, die du bereit bist, in den Aufbau deiner Marke zu investieren. Es geht also um Ausdauer, Geduld und die Fähigkeit, Prioritäten zu setzen. Niemand erbaut seine starke, authentische Marke über Nacht – das braucht Zeit. Manchmal sind es Monate. Aber für die meisten von uns, inklusive mir, dauert der Prozess deutlich länger – viele Jahre! Deshalb ist es so wichtig, dass dir nicht zu früh der Atem ausgeht. Es reicht einfach nicht aus, ein bisschen sichtbar zu sein und zu sagen, dass es den Versuch wert war. Ich denke dann immer an die Geschichte eines Mannes, der auf der Suche nach Gold mit einer Spitzhacke in eine Mine geht und sich für eine Weile fleißig durch den Berg klopft. Irgendwann gibt er entnervt auf, weil er auf keine Goldader stößt. Er packt sein Werkzeug ein und zieht von dannen. Was er nicht sieht: Es hätte nur noch zwei, drei Schläge benötigt und er wäre durch gewesen und am Ziel seiner Träume. So soll es dir nicht ergehen. Deshalb ist es so entscheidend, dass du dir im Klaren darüber bist, wie hoch dein Energie-Commitment sein kann, damit du bis zum Ergebnis und auch für weiteres Wachstum durchhältst.

MERKE

Mir ist völlig klar, dass Erfolg bei Instagram oder auch LinkedIn oft so aussieht, als sei er über Nacht gekommen. Ich verspreche dir, das ist nicht der Fall. Du siehst dort nur das Ergebnis und nicht den Weg. Wenn du aber dich und deine Energie zur Priorität machst, um deine Vision zu verfolgen, kannst du dir deinen Weg schlau einteilen und wirst dein Ziel wahrscheinlich schneller erreichen, als du dir ausrechnest.

2. Deine finanzielle Energie

Zeit ist Geld, das ist klar. Aber mit finanzieller Energie meine ich nicht den Stundensatz, den du für dich kalkulierst. Ich spreche von der Menge an Geld, die du bereit bist, in den Aufbau deiner Marke und damit in dich zu stecken. Dazu habe ich eine wirklich wichtige Botschaft für dich: Es gibt kaum ein besseres Investment als das in dich selbst! Stell dir vor, du eröffnest eine Boutique. Dann musst du Kleider kaufen, um sie zu bestücken. Kein Mensch wird einen Laden betreten, in dem nichts angeboten wird. Deshalb ist es selbstverständlich, dass du Geld für die Kleider und auch für die Präsentation, also die Einrichtung des Ladens ausgibst. Du steckst Geld in die Marke.

Genauso musst du es auch beim Aufbau deiner authentischen Personal Brand machen. Das Gerücht, dass du zu Beginn am besten alles selbst machen und dir dein Wissen mit Freebies und YouTube-Tutorials aneignen kannst, hält sich unter Gründer:innen hartnäckig. Klar, irgendwie geht das. Aber viel schneller und im Nachgang auch viel günstiger klappt das, wenn du – wie bei der Boutique – in die Marke investierst, also in dich selbst. Du brauchst Geld für Weiterbildungen, die Gestaltung deines digitalen Auftritts, Marketing, aber auch um die Unterstützung durch Expert:innen und Mitarbeiter:innen zu honorieren. Gerade wenn du am Anfang deiner Karriere stehst, kostet das finanzielle Ressourcen, die nicht so locker sitzen. Deshalb ist es wichtig, dass du auch deine finanzielle Energie im Griff hast und sowohl dein Team als auch dein

Netzwerk und deine Mentor:innen sorgfältig auswählst. Sichtbarkeit und Nachhaltigkeit, wenn du sie mit Leichtigkeit haben willst, ist immer mit finanziellem Aufwand verbunden, der, ganz unsexy, kalkuliert werden muss, damit dir nicht zu früh die Luft ausgeht. Das heißt übrigens nicht, dass du nicht auch ohne viel Geld nach vorne gehen kannst. Du musst deine finanzielle Energie dann aber noch effizienter und klüger einsetzen und dir genau überlegen, welche Weiterbildung dir beispielsweise wirklich einen Vorsprung verschafft und welche nur mit Effekthascherei auf sich aufmerksam macht. Tausende von Euro für ein Mentoring-Programm können dir einen Wissensvorsprung und einen Energiekick verschaffen. Sie können aber ebenso gut vergeudet sein, wenn du auf große Worte mit wenig dahinter hereinfällst.

3. Deine Unternehmer:innen-Energie

Du bist Unternehmer:in – egal wie groß dein Business bereits ist, unabhängig von der Gesellschaftsform und von deinen bisherigen Umsätzen. Ein Unternehmen und dich als Marke aufzubauen, bedarf jeder Menge Unternehmer:innen-Energie. Das ist die Energie, die einerseits für dein inneres Feuer steht, die Leidenschaft und das Engagement, das du in deine Ziele steckst. Andererseits nutzt du diese Energie auch dafür, dich selbst zu managen und achtsam mit dir umzugehen, um nicht auszubrennen. Sie ist die Kraft, die dich auch in schwierigen Zeiten antreibt und dich motiviert. Sie zeigt dir aber auch, ob du eine Pause brauchst. Wenn du deine eigene Energie nicht managst, nicht mit ihr zu haushalten weißt, bedeutet das Stress. Und wenn du ständig unter Stress stehst, klopft der Burnout schneller an als du das Wort aussprechen kannst. Um ein gesundes Unternehmer:innen-Energielevel zu halten, musst du in der Lage sein, dich selbst gut zu beobachten, immer wieder bei dir einzuchecken und dich zu fragen: »Wo stehe ich gerade und was brauche ich?«

Geh dir nicht auf die Nerven!

Lass uns Energie einmal aus der Perspektive deines Nervensystems anschauen. Denn das spielt eine zentrale Rolle bei der Regulierung all deiner Körperfunktionen und deiner Reaktion auf Stress. Wenn du dir keine angemessenen Ruhepausen gönnst und dich ständigem Stress aussetzt, beeinträchtigt das dein Nervenkostüm und letztlich deine Gesundheit. Folgendes passiert:

1. Überaktivierung des sympathischen Nervensystems:

Unser Nervensystem besteht aus zwei Hauptkomponenten: dem sympathischen und dem parasympathischen System. Das sympathische System ist für die Kampf-oder-Flucht-Reaktion verantwortlich, die uns in stressigen Situationen in die Gänge bringt. Setzt du dich ständigem Stress aus, bleibt dieses System aktiviert und Stresshormone wie Adrenalin und Cortisol werden permanent hineingepumpt.

2. Unterdrückung des parasympathischen Nervensystems:

Das parasympathische System kümmert sich um Ruhe und um den Verdauungsapparat. Es hilft dir dabei, dich zu relaxen und zu erholen. Gönnst du dir nicht genügend Ruhepausen, unterdrückst du damit das parasympathische System. Du und dein Körper können sich nicht ausreichend entspannen.

Die Konsequenz:

a) Eine dauerhafte Aktivierung des sympathischen Systems kann zur Erschöpfung der Nebennieren führen, die für die Produktion von Stresshormonen verantwortlich sind. Dann bist du chronisch müde und fühlst dich ausgebrannt.
b) Gerät dein Nervensystem länger aus der Balance, kann das deinen Schlaf-Wach-Zyklus stören. Die anhaltende Präsenz von Stresshormonen erschwert die Entspannung und sorgt für Einschlaf- und Durchschlafprobleme.
c) Das ständige Bombardement mit Stresshormonen schwächt dein Immunsystem und du merkst, dass du viel anfälliger für Krankheiten bist.
d) Ohne ausreichende Erholung beeinträchtigt Dauerstress deine Gehirnfunktionen. Du wirst vergesslich, kannst dich schlecht konzentrieren und es fällt dir schwerer, Entscheidungen zu treffen, die du als Unternehmer:in häufig treffen musst.

e) Im schlimmsten Fall leidest du unter Angstzuständen, Depressionen oder spürst weitere emotionale und körperliche Probleme.

Schütze deshalb stets deine körperliche und mentale Gesundheit. Lerne dafür, deine Energie effektiv zu managen, Ruhepausen einzubauen und dein Nervensystem in Balance zu bringen und zu halten. Lädst du deine Energiereserven nicht regelmäßig auf, geht's dir wie einer Heizung, die keinen Treibstoff bekommt. Sie bleibt kalt. Nimmst du dir aber immer wieder Zeit nur für dich, wirst du beobachten, wie du deine Energien nährst und förmlich aufblühst. Du wirst leuchten und strahlen.

MERKE

Achte darauf, nicht nur Energie zu verbrauchen, sondern sie auch regelmäßig aufzufüllen. Dies kann durch Selbstfürsorge, Fortbildung oder einfach die Anerkennung deiner Erfolge geschehen. Du bist die wichtigste Ressource deines Unternehmens und deiner Brand, daher ist es unerlässlich, dass du stets gut für dich selbst sorgst.

Zauberwort Langfristigkeit

Deine Energie setzt sich also aus all dem zusammen, was du auf den letzten Seiten gelesen hast. Du benötigst jeden einzelnen Teilaspekt, um mit deiner authentischen Personal Brand nach vorne zu gehen. Das bedeutet vor allem eins: dein langfristiges Commitment. Denn den Aufbau deiner erfolgreichen Personal Brand kannst du nicht mal eben drei Monate lang ausprobieren. Ich spreche über ein langfristiges Projekt, bei dem du »all-in« gehst. Triffst du die Entscheidung, »Ja, ich will das machen, ich will zur Personenmarke werden« und begibst dich auf die Reise, dann gibt es auch keine Alternativen mehr.

Erinnerst du dich an Thomas Godoj, einen Gewinner von »Deutschland sucht den Superstar«? Der damalige Hartz-IV-Empfänger war eigentlich schon »zu alt« für die Sendung. Er setzte aber alles auf eine Karte und zeigte das auch mit einem T-Shirt auf dem »Kein Plan B« stand. Das war sein Antrieb und auch Teil seines Personal Brandings – ebenso wie seine energiegeladenen Auftritte. Er war von Anfang an mit voller Leidenschaft dabei, machte seine vermeintlichen Schwächen zur Marke und gewann.

Vergiss Plan B!

So solltest du ebenfalls den Aufbau deiner authentischen Personal Brand starten. Wenn du diesen Weg gehst, gibt es auch keine Alternativen mehr. Das ist dein Plan A – einen Plan B hast du nicht. Mit dieser Haltung wird es immer mehr zu deiner Wahrheit, deine eigene Persönlichkeit von innen nach außen zu tragen. Den Weg, dich und deine Persönlichkeit besser kennenzulernen, habe ich dir ja bereits in den vorherigen Schritten gezeigt. Schritt für Schritt kommst du dir selbst, deiner Wahrheit und dann auch deiner Personenmarke näher.

MERKE

Der Aufbau deiner Marke ist ein Marathon, kein Sprint. Es erfordert kontinuierliche Energie und Ausdauer. Sei geduldig mit dir selbst, feiere deine kleinen Siege und bleibe deiner Vision treu, auch wenn die Ergebnisse nicht sofort sichtbar sind.

Das Gesetz der Anziehung

Du hast sicher schon einmal vom »Gesetz der Anziehung« (Law of Attraction) gehört. Es besagt, grob skizziert, dass die Energie, die du aussendest, zu dir zurückkehrt. Weitreichender kann man behaupten: Wohin du deine Energie schickst, von dort wird sie auch gespiegelt. Darauf basiert zum Beispiel das Prinzip des positiven Denkens oder auch die Annahme, dass du Menschen anziehst, die so ticken wie du selbst. Probiere es am besten einmal aus. Vielleicht kennst du das, dass du dir zum Beispiel ein rotes Auto kaufen möchtest. Plötzlich siehst du überall rote

Autos. Denkst du darüber nach, dir einen Hund anzuschaffen, wirst du eine Menge Menschen mit ihren Hunden bemerken. Eine Frage des Fokusses und der Energie, die du in dir trägst und die du nach außen sendest.

Schickst du also die Energie nach draußen, dass du ein erfolgreiches authentisches Business aufbaust und das ist deine Wahrheit, wirst du schnell merken, wie viele Menschen du triffst, die in einer ähnlichen Situation stecken oder auch eine ähnliche Geschichte erzählen und dich dabei unterstützen. Vielleicht wirft dir das Leben auch entsprechende Möglichkeiten zu, die du dann ergreifen kannst – oder auch nicht. Wir Menschen werden oft von denen angezogen, die ähnliche Energien, Werte oder Interessen haben wie wir selbst.

Das Ende der Energie-Vampire

Wenn sich deine Energie verändert, wirst du beobachten, wie du auch ein neues Umfeld bekommst. Das ist ein Geschenk. Hab keine Angst davor, vielleicht von dem ein oder anderen Menschen, mit dem du viel Zeit verbracht hast, nicht mehr so viel zu hören oder zu sehen. Ein schlechtes Gewissen brauchst du deswegen schon gar nicht haben. Manchmal müssen wir Menschen loslassen. Das ist dann die Kehrseite des Gesetzes der Anziehung. Du brauchst die Bereitschaft, Menschen loszulassen, die dich ausschließlich Energie kosten. Wenn alte und bewährte Freundschaften nicht mehr so gut laufen, liegt das häufig daran, dass sich die Energien nicht mehr decken oder ergänzen. Mach dir darüber nicht allzu viele Gedanken. Es ist nichts Schlimmes, sondern völlig normal, dass Lebenswege sich kreuzen und auch wieder nebeneinander verlaufen. Dein Leben verläuft dynamisch. Genauso, wie du dich weiterentwickelst, tun dies auch die Menschen um dich herum. Deshalb gehen in Phasen, in denen du dich und deine Energie veränderst, auch oft Freundschaften und Beziehungen zu Ende.

Stell dir diese Energie als eine Art unsichtbares Signal vor, das du ständig in die Welt sendest. Dieses Signal setzt sich aus einer Kombination aus deinen Gedanken, Emotionen, Überzeugungen und deinem Selbstbild zusammen. Wie ein Radiosender eine bestimmte Frequenz aussendet, auf die Radiogeräte abgestimmt sind, so ziehen auch deine individuellen »Energiefrequenzen« Menschen an, die auf ähnlichen Wellenlängen schwingen. Wenn du jemand bist, der viel Positivität und Optimismus ausstrahlt, wirst du wahrscheinlich Menschen anziehen, die ebenfalls eine sonnige Perspektive auf das Leben, sich selbst und ihr Business haben. Menschen mit einer eher negativen oder zynischen Einstellung, fühlen sich dann in deiner Nähe nicht so wohl, weil eure Energien nicht miteinander harmonieren.

Was bringt das für dein Business?

Für den Aufbau deiner authentischen Personal Brand brauchst du ein Energiebewusstsein. Das heißt, du musst dir darüber bewusst sein, welche Energie du in die Welt bringst. Das sorgt nicht nur für dein Wohlbefinden, sondern entscheidet auch darüber, welche Art von Business-Beziehungen du pflegst und entwickelst. Deine Traumkund:innen kommen ja nicht von selbst. Aber du wirst die Kund:innen, die perfekt zu dir passen dann finden, wenn du die richtigen Signale von innen ins Außen sendest. Deshalb ist es so essenziell, dich auf deinem Weg regelmäßig selbst zu reflektieren und zu fragen: »Welche Energie möchte ich in die Welt schicken und welche Menschen möchte ich in meinem Leben haben?« Wenn du dich aktiv für eine positive, konstruktive und authentische Energie entscheidest, kannst du fast sicher sein, dass du Menschen anziehst, die diese Werte teilen und die dein Leben bereichern und umgekehrt. Eine Win-win-Situation.

MERKE

Du bist die Marke und die Qualität deiner Energie bestimmt die Qualität dieser Marke. Wenn du mit Leidenschaft und Positivität agierst, werden diese Energien auf deine Personal Brand übertragen und sie anziehend machen.

Achte für dein Energiebewusstsein auf folgende Punkte:

1. Ähnliche Energien ziehen einander an

Das, woran du glaubst und worauf du dich konzentrierst, ziehst du in dein Leben. Das gilt für Menschen, im Business also für Kund:innen, Netzwerkpartner:innen, Mentor:innen und viele mehr. Aber es gilt auch für deine Haltung zu Geld, Erfolg und Leben. Worauf du dich konzentrierst und woran du fest glaubst, wird in dein (Business-)Leben kommen. Davon bin ich fest überzeugt und außerdem ein gutes Beispiel. Es ist, als ob deine Gedanken und Emotionen, deine Energie-Magnete sind, die Ereignisse und Situationen zu dir ziehen. Frei nach dem Motto: »Energy flows, where attention goes.«

2. Deine Gedanken steuern deine Energie

Negative Gedanken kreieren dir eine Business-Realität, die diese Gedanken widerspiegelt. Umgekehrt kann ein optimistischer und positiver Denkansatz Wunder für dein Business bewirken sowie positive Erfahrungen und Chancen in dein Leben ziehen.

3. Deine Emotionen dienen als Energiewegweiser

Im letzten Kapitel haben wir ja schon besprochen, wie sehr Gedanken und Emotionen zusammenhängen. Dasselbe gilt für Gefühle und Energien. Deine positive emotionale Ausrichtung kann ein kraftvoller Verstärker für das Gesetz der Anziehung sein und als echter Wegweiser für dein Herzensbusiness dienen.

4. Vertraue deiner Energie

Es ist ganz normal, dass du immer wieder skeptisch bist. So ticken wir Menschen nun mal. Wenn du aber deiner positiven Energie vertraust, wirft dich ein Rückschlag nicht gleich aus der Bahn, sondern lässt dich weiterhin positiv nach vorne gehen.

5. Dankbarkeit als Schlüssel

Wenn du wertschätzt, was du hast, und dem Gefühl der Dankbarkeit Raum gibst, sendest du das energetische Signal aus, dass du offen und bereit bist, mehr zu empfangen.

Wie gelingt mir das?

Um in deiner vollen Energie und Kraft zu sein, brauchst du zunächst einmal den unbändigen Wunsch, den du aus vollem Herzen in dir tragen solltest. Im nächsten Schritt kommt es darauf an, dass du dir wirklich vorstellen kannst, dein Herzensbusiness zu haben und dabei trotzdem nicht alles andere um dich herum aufzugeben. Vertraue dir selbst und enttäusche dich nicht, indem du deine Versprechen an dich selbst brichst. Dafür benötigst du einen krassen Fokus und sehr viel Dankbarkeit dafür, dass du dein Ziel erreichst. So kannst du deine neue Realität in allen Facetten manifestieren und zu deiner Realität werden lassen.

Mögliche Unterstützung:

1. Dein Dankbarkeitstagebuch

Eine einfache Möglichkeit bietet dir das Verfassen eines Dankbarkeitstagebuchs. Dafür kannst du zum Beispiel jeden Abend mindestens drei Dinge aufschreiben, für die du dankbar bist. Schreib sie aber nicht einfach nur runter, sondern fühle tief in die Emotion hinein, die du dabei empfindest. Damit manifestierst du diese Dankbarkeit und das gute Gefühl, das du damit verbindest. Du wirst schnell merken, wie viel resilienter du gegen Stress und negative Einflüsse in deinem Leben wirst.

2. Manifestation deiner Visionen vor dem Einschlafen

Kurz vor dem Einschlafen lohnt es sich, deine Visionen und Wünsche noch einmal zu visualisieren. Wie sieht deine rosige Zukunft aus, wie fühlt sie sich an, was spürst du? Tauche tief in diese Visionen ein, um sie zu manifestieren. Das klappt mit Hilfe von Meditation oder einer geführten Visualisierung. Es bringt dich deinem Ziel Stück für Stück näher und du wirst ziemlich sicher ruhig und entspannt schlafen und erholt aufwachen. Das liefert dir die nötige Energie für den nächsten Tag und lässt dich durchhalten, auch wenn es einmal schwierig wird.

3. Energie-Booster-Musik

Musik und Rhythmus sind Energie pur und so viel besser als Koffein. Es gibt zahlreiche Studien, wie Musik in bestimmten Wellen auf unser Gehirn, den Körper und insbesondere auf das Nervensystem wirkt. Die Amerikaner nennen das »change your state«. Musik verändert deine Verfassung. Steckst du in einem Energietief, können dich allein die richtigen Beats oder die körperliche Bewegung zu ihnen wieder rausholen. Das liegt daran, dass sich unser Gehirn in einem »Betawellen-Zustand« befindet, wenn wir uns konzentrieren. Das lässt sich über ein EEG messen. Schwingen diese Wellen eher im Theta-Bereich, sind wir müde und schläfrig. Befindest du dich in diesem Zustand und brauchst einen Energie-Boost, geht das zum Beispiel über den Weg sogenannter »Binaural Beats«. Dafür setzt du Kopfhörer auf und hörst dir Tracks an, in denen beiden Ohren Schall mit leicht unterschiedlicher Frequenz zugeführt wird. Bei rund 88 Beats pro Minute wird das Gehirn auf High Performance gepolt. Diese Tracks gibt's bei YouTube, Spotify, Apple Music & Co. gratis.

Schritt 6 – Deine Routinen

Wenn du bis hierhin gelesen hast – und das hoffe ich natürlich sehr – dann hast du bestimmt erkannt, dass all diese Dinge Zeit brauchen und Aufwand bedeuten. Ich will dir nichts vormachen. Ja, der Aufbau deiner Personenmarke ist Arbeit. Es gibt aber sehr viele Möglichkeiten, es dir selbst so leicht wie möglich zu machen. Das ist nämlich kein Hexenwerk. In diesem Kapitel erfährst du, mit welchen Hilfestellungen du viel Leichtigkeit in dein Business bekommst und warum Routinen und Strukturen so wichtig für dich sind.

Die Bedeutung von Routinen im hektischen Alltag

Frauen und inzwischen auch immer mehr Männer wechseln ständig zwischen verschiedenen Rollen. Business – Familie – Business und so weiter. Um dabei nicht durchzudrehen und den Überblick zu behalten, brauchen wir Routinen. Das kannst du sicher bestätigen. Ohne Routinen versinken wir schnell im Chaos. Der Tagesablauf der Familie gibt dabei einiges vor. Wenn du Kinder hast, stehen deren Termine erstmal vorne an und du bastelst alles weitere drumherum. Aber auch mit Haustieren oder ganz ohne Tiere und Partner:innen neigen wir dazu, unsere Tage mit Terminen vollzuballern. Um im Meer von Verpflichtungen und Erwartungen den Kopf über Wasser zu halten, kommen wir ohne Routinen nicht aus. Denn sie sind so viel mehr als Gewohnheiten oder regelmäßige Aktivitäten: Sie sind Rettungsanker, immer dann, wenn du den Überblick verloren hast oder kurz davor stehst. Und außerdem sind sie Erfolgsbooster und Glücklichmacher – im Business und im Leben.

Zahlreiche Studien zeigen, dass Menschen, die tägliche Routinen befolgen, insgesamt ein geringeres Stresslevel haben und weniger Anzeichen von Burnout aufweisen als diejenigen, die ohne feste Struktur leben. Denk nur mal an die Pandemiezeit zurück. Ohne Routinen wären die meisten von uns zuhause sicherlich durchgedreht oder hätten keine Chance gehabt, diszipliniert zu arbeiten.

Warum aber wirken diese gewohnheitsmäßigen Tätigkeiten so gut?

1. Vorhersehbarkeit schafft Sicherheit

Unser Alltag verändert sich immer schneller und setzt Überraschungen auf die Tagesordnung. Hier bieten dir Routinen einen Vorteil, auf den du nicht verzichten solltest: Vorhersehbarkeit. Durch die Einbindung von Routinen in deinen Alltag kannst du ein erhöhtes Maß an gefühlter Sicherheit und Kontinuität schaffen. Zu wissen, was als Nächstes ansteht, hilft dir, dich mental auf bevorstehende Aufgaben vorzubereiten. Das Gefühl ständiger Desorientierung und »Kopfsalat« wird minimiert. Routinen schaffen so ein Verständnis für deinen Tagesablauf und schützen dich vor plötzlichem Stress und erlauben dir mehr Konzentration auf die jeweiligen Aktivitäten. Außerdem sorgt die Vorhersehbarkeit dafür, dass du dich weniger verloren fühlst, selbst wenn externe Faktoren chaotisch oder unerwartet auf dich einprasseln. Zusammenfassend heißt das: Das Leben, mit all seinen Höhen und Tiefen, Unwägbarkeiten und Unvorhersehbarkeiten, wird durch Routinen etwas weniger überwältigend. Mit dem stabilen Rahmen, den Routinen bieten, kannst du dich besser orientieren, gezielter handeln und im Alltag eine klare Richtung beibehalten. Wer jetzt denkt: »Langweilig! Ich will keine Routinen, sondern Abenteuer und Freiheit, sonst hätte ich doch nicht mein eigenes Business gegründet«, dem rate ich, es auszuprobieren. Denn auch mit festen Routinen kannst du ein freies Leben voller Abenteuer führen, wenn du dabei flexibel bleibst.

2. Zeitmanagement schafft Entspannung

Wie oft höre ich Sätze wie »Ich würde ja gern XY machen, aber dafür habe ich keine Zeit«. Sorry, aber jeder hat 24 Stunden am Tag. Abzüglich ausreichend Schlaf bleiben dir um die sechzehn Stunden, die du nutzen kannst. Dafür ist es essenziell, dass du deine Prioritäten klar vor Augen hast und dir deine Zeit bewusst einteilst.

Ein effektives Zeitmanagement, unterstützt durch klare Routinen, versetzt dich in die Lage, das Beste aus jedem Tag herauszuholen. Es ermöglicht dir, sowohl in deinem Business als auch in deinem Privatleben »erfolgreich« zu sein und dennoch genügend Raum für Erholung und persönliche Entwicklung zu schaffen. Wahrscheinlich erlebst du selbst, dass deine Zeit zu einer deiner kostbarsten Ressourcen zählt. Trotzdem fühlt es sich oft so an, als würdest du ständig gegen die Uhr ankämpfen. Deshalb brauchst du ein kluges Zeitmanagement, nicht nur als praktische Fähigkeit, sondern auch als Mittel zur Selbstfürsorge. Wenn du dir bewusst machst, wann und wie lange bestimmte Aktivitäten dauern sollen, schaffst du dir selbst klare Strukturen und Orientierungspunkte in deinem Tagesablauf.

MERKE

Wir Menschen überschätzen, was wir in kurzer Zeit erreichen können, und unterschätzen, was wir auf lange Sicht erreichen können.

Das Bewusstsein über den genauen Ablauf des Tages ermöglicht es dir, Prioritäten zu setzen und zu entscheiden, welche Aufgaben und Verpflichtungen am wichtigsten sind. Diese Klarheit führt dazu, dass du nicht nur effizienter wirst, sondern auch zufriedener mit deinem Tagesablauf bist. Anstatt dich überwältigt oder ständig gehetzt zu fühlen, wirst du feststellen, dass du mehr Kontrolle über deinen Tag bekommst und selbstbestimmter handeln kannst.

MERKE

Zeitmanagement bedeutet auch, Nein zu sagen, wenn nötig, Grenzen zu setzen, wenn du sie brauchst, und um Hilfe zu bitten – im beruflichen, wie auch im privaten Kontext. Du zerschießt jede Routine, wenn du die Bedürfnisse anderer immer vor deine eigenen setzt. Das führt früher oder später unweigerlich in den Burnout.

Es ist aber so wichtig, dass du dich und deine Bedürfnisse priorisierst. Dazu gehört auch, Pausen und Erholungszeiten einzuplanen, damit du physisch und mental in Bestform bleibst. Zu wissen, dass auf eine intensive Arbeitsphase eine geplante Pause folgt, kann bei dir einen regelrechten Motivationsboost auslösen und dich ermutigen, fokussierter zu arbeiten. Das liefert dir die Möglichkeit, berufliche und private Aktivitäten miteinander in Harmonie zu verbinden und einen ausgewogenen Lebensstil zu schaffen, der nicht nur die Produktivität steigert, sondern auch generell dafür sorgt, dass du dich wohlfühlst.

3. Mentaler Raum für Kreativität entsteht

Kennst du das: Du betrittst mit einer langen Einkaufsliste den Supermarkt. Anfangs hältst du dich strikt an das, was du aufgeschrieben hast. Je länger der Einkauf dauert, desto schwieriger wird es, dich bewusst zu entscheiden und die Liste Punkt für Punkt abzuhaken. Findest du ein bestimmtes Produkt nicht gleich, hast du keine Lust mehr zu suchen und greifst beispielsweise zu einem deutlich teureren Produkt, weil es gerade vor deiner Nase auftaucht. Vielleicht kaufst du auch viel mehr als geplant oder ignorierst einiges, das auf der Liste steht. Das liegt daran, dass du für jedes einzelne Produkt eine Entscheidung triffst.

Diese Entscheidungen kosten Energie. Je mehr du entscheidest, desto müder wirst du und desto größer die Wahrscheinlichkeit, dass du bei der Wahl einem Impuls folgst. Denk mal an deinen letzten Einkauf bei IKEA zurück. Das ist doch ein Klassiker: Du gehst rein, weil du ein paar Kleinigkeiten wie Kerzen und etwas Deko brauchst. Raus kommst du mit einem neuen Teeservice, Bettwäsche und mit vielem mehr. Das Möbelhaus bietet dir mit der riesigen Produktpalette und durch den festgelegten Rundgang eine Vielzahl an möglichen Entscheidungen. Selbst, wenn du die Entscheidung zum Beispiel für ein neues Bett nicht triffst, aber beim Durchgehen durch die Schlafzimmerabteilung abwägst, ob du das vielleicht brauchst, kostet dich das Energie. Ebenso wie die Überlegung, ob diese hübsche Récamiere sich nicht gut in deinem Wohnzimmer machen würde... Bis du dann bei den Kerzen angekommen bist, hast du schon so viel Energie verbraucht, dass du von Impulsen getrieben, viele von den Kleinigkeiten, die dir angeboten werden, einfach mitnimmst. Jeder von uns hat eben nur ein gewisses Maß an Widerstandsfähigkeit gegenüber Versuchungen und Ablenkungen. Das geschieht völlig unbewusst. Deshalb brauchst du ein Bewusstsein für die Grenzen deiner geistigen Energie und Möglichkeiten, sie bestmöglich zu schützen und zu nutzen.

Entscheidungen im Alltag

Wenn es denn nur die Kaufhäuser wären, die uns entscheidungsmüde machen, könnten wir damit umgehen beziehungsweise einfach nicht hingehen. Unser Alltag ist aber vollgepackt mit Energieräubern. Und nicht jede:r ist gut darin, Entscheidungen schnell zu treffen. Da sich unser Lebenstempo stark beschleunigt hat, rennen wir oft unserer Entscheidungsfindung hinterher. Es fängt schon damit an, dass du Triviales bestimmen musst, wie was du zum Frühstück isst. Aber auch komplexere Entscheidungen, die dein berufliches und persönliches Leben beeinflussen, stehen auf der Tagesordnung. Wie gesagt, jede dieser Entscheidungen, egal wie klein, verbraucht geistige Energie und kann zu einer Entscheidungsmüdigkeit führen. Deshalb brauchst du Wege, um Entschlüsse schnell und einfach zu fassen, um nicht am Ende des Tages zu müde zu sein, um gute und für dich sinnvolle zu treffen.

Routinen automatisieren Entscheidungen

Indem du Routinen in deinen Alltag einbaust, eliminierst du eine erhebliche Anzahl von Entscheidungen und Grübeleien darüber, ob sie sinnvoll sind oder nicht, Du schaltest in den Automatikmodus. Damit konservierst du deine geistige Energie und entlastest dich mental, weil du nicht ständig darüber nachdenken musst, was als Nächstes kommt. So kannst du dich besser auf die Aufgabe konzentrieren, die gerade vor dir liegt.

Dieser Automatikmodus ermöglicht es deinem Gehirn, von der konstanten Analyse und Entscheidungsfindung in eine offene, reflektierende und kreative Denkweise überzugehen. Du hast das doch bestimmt auch schon erlebt, dass du die besten Einfälle hast, wenn du entspannt spazieren gehst oder unter der Dusche stehst. Plötzlich schwappen Inspirationswellen über dich hinweg und dir fallen neue Lösungen ein, auf die du in einer Brainstorming-Session gar nicht gekommen wärest. Wenn du relaxt, lädst du deine Batterien auf, ruhst mehr in dir und kümmerst dich nicht um das Außen. Das schafft Raum für Kreativität. Erlaub dir also ruhig mehr zu »spielen« – so wie Kinder das tun – und starte neugierig in jeden Tag. Routinen helfen dir dabei, deine Abläufe so klar zu haben, dass du nicht erst eine Ablenkung brauchst, um dir zu überlegen, was du als Nächstes tust. Du bist voll im Moment, nimmst deine Umgebung viel bewusster wahr, bist zufrieden und gelassen.

4. Struktur hilft gegen Überforderung

Die meisten von uns neigen zum Multitasking und haben das Gefühl, sie müssten ständig erreichbar sein. Und das, obwohl es erwiesen ist, dass die Fähigkeit, viele Dinge gleichzeitig effizient zu erledigen, ins Buch der Mythen gehört. Im Gegenteil führt Multitasking zwangsläufig zu

Überforderung. Unsere Tage sind gefüllt mit unzähligen beruflichen und privaten Aufgaben und der Druck, alles perfekt zu erledigen, kommt obendrauf. Wenn es dir genauso geht, probier es mal mit mehr Struktur:

Denn Struktur bietet Orientierung und Klarheit. Wenn du deinen Tag klar strukturierst, vermeidest du das Gefühl, ständig hinterherzuhinken oder Dinge zu vergessen. Du kannst dir das so vorstellen, als würdest du eine Karte für deinen Tag erstellen, die dir zeigt, wohin du gehst und welche Etappen du erreichen möchtest. Ist diese Struktur im Vorfeld gut durchdacht, hilft sie dir dabei, Prioritäten zu setzen, Ablenkungen zu vermeiden und konzentriert am Ball zu bleiben. Sie gibt dir aber auch genügend Raum für Spontanes. Seien wir mal ehrlich, irgendwas ist doch immer.

5. Struktur sorgt für mentale Gesundheit

Deshalb kann ein strukturierter Tagesablauf Wunder für deine mentale Gesundheit bewirken. Er reduziert Stress und nimmt dir die Angst davor, was noch auf dich zukommen kann, indem viele Unbekannte im Vorfeld eliminiert sind. Du musst nicht mehr ständig darüber nachdenken, was du noch erledigen musst oder dir Sorgen darüber machen, ob du überhaupt genug Zeit für alles hast. Stattdessen folgst du einem Plan und gewinnst so einiges an Sicherheit, Kontrolle, Selbstbewusstsein und mentaler Stärke.

6. Struktur schafft Effizienz

Das war aber noch lange nicht alles. Wenn du deiner Struktur folgst, wirst du schon bald merken, wie viel effizienter du lebst. Dadurch, dass du Zeiten für bestimmte Aufgaben festlegst, nutzt du diese Zeit optimal und konzentrierst dich auf das, was ansteht, ohne permanent darüber nachzudenken, was du heute noch alles erledigen musst. Dir rutscht viel seltener etwas durch und du machst weniger Fehler, die du dann später wieder ausbügeln musst, weil du nicht ständig zwischen Aufgaben hin- und herspringst.

Ein Beispiel: Wenn du beschließt, jeden Tag von neun bis elf Uhr E-Mails zu bearbeiten und dich dann von halb zwölf bis vierzehn Uhr einem wichtigen Projekt zu widmen, kannst du sicherstellen, dass du beide Aufgaben mit voller Aufmerksamkeit und ohne ständige Unterbrechungen erledigst. Aber bitte die Pause dazwischen nicht weglassen. Sonst wird das nichts.

Die Kraft der Routine

Zurück zu den Routinen. Ich bin deswegen so stark auf das Thema Struktur eingegangen, weil Routinen auch eine Form von Struktur sind. Sie bieten dir einen vertrauten und vorhersehbaren Ablauf, der dir dein Leben erleichtert. Du hast bestimmt schon einmal den Begriff »Morgenroutine« gehört. Ich bin eine großer Fan dieser Struktur. Ich meditiere jeden Morgen als erstes. Danach folgen Einträge in mein Dankbarkeits-Journal und eine Runde Sport oder Yoga. Mehr Details verrate ich dir am Ende des Kapitels. Das nur schon mal vorab, um dir zu zeigen »I practice what I preach«. So starte ich bereits entspannt und gelassen in jeden Tag. Wichtig ist dabei, dass du deine eigene Routine etablierst und eine findest, die dich begeistert, mit dir verbindet und so für dich perfekt in den Tag starten lässt. Das gleiche Prinzip gilt für Arbeitsroutinen und Abendroutinen. Sie bieten dir eine verlässliche Struktur, auf die du dich verlassen kannst, selbst wenn der Rest des Tages chaotisch oder unvorhersehbar daherkommt. So lädst du deine Batterien auf und reguliert das Nervensystem und bist dann gegen das Chaos oder unvorhersehbare Ereignisse gewappnet. Denn die kommen bestimmt. Das Leben passiert eben jedem.

Was bringt mir das für mein Business

Von allen Vorteilen, die Routinen für dich und dein Privatleben bringen, profitierst du auch in deinem Business. Gerade der Bereich Routinen verbindet ja alle Teile deines Alltags miteinander. Jede Morgenroutine zahlt in alle Lebensbereiche ein und jede Pause, die fest eingeplant ist, lohnt sich für dich privat und geschäftlich. Ich glaube, dass wir dann, wenn wir das tun, was wir lieben, unser Leben auch gar nicht so krass in Arbeits- und Privatleben teilen müssen. Wichtig sind immer Fokuszeiten – für bestimmte Aufgaben, aber auch für Freizeit, für dich ganz alleine oder mit der ganzen Familie, mit Freunden oder mit deinem Haustier.

Hier mal ein paar Beispiele für dich, wie du mit Routinen deinen Berufsalltag stärken kannst. Du musst sie nicht alle umsetzen. Das sind lediglich Ideen, wie du dir mit Routinen das Arbeitsleben etwas erleichtern kannst. Ich lade dich ein, deinen eigenen Weg zu finden:

1. Beginne mit der Kröte

Hast du schon einmal etwas von »Eat that Frog« gehört? Das ist ein sehr gute Methode, um sicherzustellen, dass auch unangenehme Aufgaben erledigt werden, egal ob du Lust dazu hast oder nicht. Der Amerikaner Brian Tracy hat aus dem Sprichwort »Eat the frog«, im Deutschen bekannt als »Schluck die Kröte«, eine Methode entwickelt, die dich animiert, zunächst einmal immer eine Aufgabe abzuhaken, die du richtig unangenehm findest. Wenn du sie nicht in einem Aufwasch erledigen kannst, unterteile sie in machbare Happen. Danach wird alles andere leichter und du fühlst dich gut, weil du die Kröte vom Tisch hast.

Warum funktioniert das: Wenn wir unangenehme Aufgaben vor uns haben, schieben wir sie gerne vor uns her. Oft sind diese »Kröten« wichtig und die Prokrastination dieser fatal. Zu Beginn des Tages arbeitest du frisch und fokussiert und schaffst auch eine unangenehme Aufgabe viel leichter. Damit hast du dann schon einen »Brocken« erledigt, der dir Zufriedenheit schenkt. Dieses Wohlgefühl wirkt wie ein Momentum für weitere Aufgaben, die du von deiner Liste abhaken kannst.

2. Plane Arbeitspausen ein

Du denkst jetzt vielleicht: Ja, das hast du ja schon gesagt, liebe Nicole. Stimmt. Ich möchte es aber so prominent noch einmal auflisten, weil Pausen erfahrungsgemäß bei uns allen zu kurz kommen. Niemand kann pausenlos einen Punkt nach dem anderen von seiner To-do-Liste abhaken und dabei noch konzentriert und entspannt bleiben. Deshalb solltest du unbedingt regelmäßige Breaks einplanen. Sie helfen dir dabei, dich zu erholen und neue Energie zu tanken. Sie dürfen in keinem Tagesablauf fehlen. Forschungen haben gezeigt, dass regelmäßige Pausen während des Arbeitstages die Produktivität steigern und die Gefahr des Ausbrennens reduzieren können. Dein Gehirn braucht Zeit, um sich zu erholen und wieder aufzuladen, besonders, wenn du in intensiven Arbeitsphasen steckst. Der Aufbau deiner Personal Brand ist in jedem Fall eine solche Etappe.

MERKE

Ein beliebtes Tool, um fokussiert zu arbeiten und kleine Pausen einzuplanen, ist die Pomodoro-Technik. Dabei arbeitest du 25 Minuten konzentriert und machst dann eine fünfminütige Pause. Ich weiß auch von einigen, die diese Zeitspannen einfach doppeln, also 50 Minuten fokussiert eine Aufgabe erledigen und danach zehn Minuten Pause machen. Nach zwei Stunden solltest du eine längere Pause von 15 bis 30 Minuten einplanen.

3. Vermeide Multitasking

Auch wenn es verlockend sein kann, mehrere Dinge gleichzeitig zu tun, sagt die Forschung inzwischen eindeutig: Das ist kontraproduktiv. Wer sich stattdessen auf eine Aufgabe nach der anderen konzentriert, arbeitet effizienter und reduziert sein Stresspotenzial. Das gilt übrigens auch für deine Freizeit. Essen und gleichzeitig Fernzusehen oder die neuesten News-Headlines abzurufen, sorgt für unnötigen Stress und dafür, dass du weder das eine noch das andere bewusst erlebst.

4. Nutze Technologie zu deinem Vorteil

Mit Technologie meine ich natürlich nicht, dass du in deinen Pausen durch Instagram oder TikTok scrollst. Aber es gibt so viele tolle Apps, die dir dabei helfen können, deine Zeit zu managen und deine Tage zu strukturieren. Ich bin immer wieder überrascht, wie viele Menschen versuchen, ihre Termine im Kopf zu behalten. Es ist wirklich ein zusätzlicher Stressfaktor, wenn du immer Angst hast, etwas zu vergessen. Nutze Kalender, To-do-Listen und Timeboxing-Apps wie Toggl oder ähnliche, um dein Pensum im Griff zu behalten und deinen Kopf frei zu haben fürs Wesentliche.

5. Lerne abzugeben

Ich beobachte häufig, dass Menschen zu mir kommen, die vor allem davon gestresst sind, dass sie nicht abgeben können. All deine Routinen und Strukturen nützen dir aber nichts, wenn du glaubst, dass du die einzige Person bist, die alles, was ansteht, wuppen kann. Ich verrate dir ein Geheimnis: Wenn du eine erfolgreiche Personal Brand aufbauen willst, brauchst du ein Team an Helfern. Denk noch mal zurück an die »finanzielle Energie«. Klar, Unterstützung musst du bezahlen können. Wenn du aber Menschen dafür bezahlst, dass sie dir helfen, dann lass sie auch machen. Vielleicht kannst du das ein oder andere besser als dein Team, aber es gibt unter Unternehmer:innen eine goldene Regel: Wenn du jemanden findest, der eine Aufgabe zu 80 Prozent so gut erledigen kann wie du, gib sie ab.

Du brauchst den Überblick, aber nicht die ständige Kontrolle über alles, was läuft. Davon einmal abgesehen, dass sich sowieso vieles außerhalb deiner Kontrolle befindet. Stress dich also nicht noch zusätzlich damit, dein Team zu kontrollieren. Auch stetige Kontrolle schützt dich nicht davor, dass einmal etwas schiefgeht.

MERKE

Kenne die wichtigsten Bestandteile deines Arbeitstages und was für dich Umsatzbringer sind. Dann weißt du immer, was du zuerst erledigst, um deine Ziele erreichen zu können. Wenn du diese Routinen stets abrufen kannst, bewahrst du auch dann einen kühlen Kopf, wenn es heiß hergeht.

Wo wir gerade von einem kühlen Kopf sprechen: Bei allen Strukturen und Routinen – bleib immer entspannt. Es ist völlig ok, wenn nicht jeder Tag perfekt durchgetaktet ist. Manchmal ist es einfach notwendig, deine Pläne zu ändern oder neu zu priorisieren. Wichtig sind die Routinen und Strukturen als Rahmen. Du brauchst aber auch genug Gestaltungsspielraum, damit dich Unvorhergesehenes nicht völlig aus der Bahn wirft. Du darfst auch deine Rituale anpassen und immer wieder hinterfragen. Das ist im Grunde genommen sogar das bedeutendste Ritual. Mach dir immer wieder Gedanken darüber, was jetzt gerade am wichtigsten ist. Ein strukturierter Unterbau schafft dir Freiheit und Flexibilität, die du brauchst, um dich, wenn nötig, neu auszurichten und deine erfolgreiche authentische Personal Brand aufzubauen und ein echt erfolgreiches Business zu kreieren.

Wie gelingt mir das?

Ich plädiere immer dafür, dass sich jeder seine eigenen Routinen schafft, die zum eigenen Typ passen. Sie können so individuell sein wie dein Fingerabdruck. Ein paar typische Erfolgsroutinen, also Gewohnheiten oder Verhaltensweisen, die dazu beitragen können, individuelle und berufliche Ziele effektiver zu erreichen, gibt es aber. Das wird von deren »Anwendern« immer wieder betont. Ich habe dir hier ein paar Klassiker zusammengestellt, die dir als Inspiration dienen können.

1. Frühes Aufstehen

Viele erfolgreiche Menschen betonen die Vorteile des frühen Aufstehens. Dies gibt ihnen einen zeitlichen Vorsprung vor dem Rest der Welt und schenkt ihnen ruhige, ungestörte Momente, um sich auf den Tag vorzubereiten, zu meditieren, zu trainieren oder einfach in Ruhe zu arbeiten. Zu ihnen gehören Apple-CEO Tim Cook und die Medienmogulin Oprah Winfrey. Sie sind bekannt dafür, sehr früh aufzustehen. Ich selbst war auch über Jahre eine große Anhängerin des 5-Uhr-Clubs. Inzwischen habe ich andere Routinen für mich etabliert. Also bleib flexibel. Wenn dein Leben sich ändert, passen sich deine Routinen an.

2. Regelmäßige körperliche Betätigung

Sport im richtigen Maß hilft dir dabei sowohl deinen Körper fit zu halten als auch den Geist. Durch die körperliche Anstrengung kannst du Stress abbauen, deine Konzentration verbessern und sogar deine Kreativität fördern. Virgin-Gründer Richard Branson und Meta-Chef Mark Zuckerberg betonen immer wieder, wie wichtig ihnen körperliche Betätigung ist. Und ich selbst liebe Sport und Yoga.

3. Tägliches Journaling

Das Schreiben eines Tagebuchs oder Journals kann helfen, deine Gedanken zu klären, Dankbarkeit zu üben und die Reflexion zu fördern. Außerdem kannst du deine eigenen Fortschritte verfolgen und überprüfen, wie nahe du deinen Zielen bereits bist. Berühmte Tagebuchschreiber waren zum Beispiel Benjamin Franklin und Leonardo da Vinci und das ist auch Teil meiner Erfolgsroutine.

4. Ständiges Lernen und Weiterbildung

Vielleicht wäre es einfacher, wenn die Welt stets genau so bleiben würde wie jetzt in diesem Moment. Aber das ist eine Illusion. Im Gegenteil haben wir es heutzutage mit rasanten Veränderungen zu tun. Denk mal daran, was zum Beispiel KI für dein Leben und deine Arbeit bedeutet. Anpassungsintelligenz macht dich zukunftsfähig und deshalb brauchst du auch kontinuierlich Weiterbildungen. Sie sind ein Schlüssel zu langfristigem Erfolg. Wie du das angehst, bleibt dir überlassen. Microsoft-Gründer Bill Gates, zum Beispiel, ist bekennender Vielleser und lernt ständig Neues. Du kannst auch Bücher lesen oder Seminare besuchen, Podcasts hören und vieles mehr. Solange du nur nicht die Einstellung verinnerlichst: Das war schon immer so und so soll es jetzt auch bleiben.

5. Achtsamkeitspraktiken

Zu diesen Praktiken gehören Meditation, tiefe Atmung und andere Mindfulness-Übungen. Diese Routinen können dir dabei helfen, den Geist zur Ruhe zu bringen, deinen Fokus zu verbessern und deine emotionale Intelligenz zu steigern. Steve Jobs war beispielsweise bekannt für seine Meditationpraxis. Unter Führungskräften hat sich inzwischen sogar der Begriff Mindful-Leadership, also achtsame Führung, etabliert. Dabei spielen Selbstwahrnehmung und Resilienz eine große Rolle.

MERKE

Deine Routinen sollen dir dabei helfen, dein Nervensystem zu regulieren. Es ist so viel leichter Erfolg zu haben, wenn du das schaffst und verstehst, dass du Ergebnisse nicht dadurch erreichst, dass du dich auf Teufel komm raus ausbrennst. Das kannst du natürlich machen. Wenn du aber deine Marke aufbaust, ohne dabei immer wieder auf dein Nervensystem zu achten, geht das auf Kosten deiner Gesundheit.

Zum Glück führt der Trend inzwischen weg von der reinen Leistungsgetriebenheit. Wir wollen heute genug Zeit für unsere Lieben haben. Die jüngeren Generationen machen es uns vor. Die fragen schon bei jedem potenziellen Arbeitgeber sofort nach Stundenausgleich und Gestaltungsspielräumen für Arbeitszeit und -ort. Work-Life-Balance war gestern, heute geht es um Work-Life-Verbindungen. Dabei geht es um Sinnhaftigkeit. Die gilt es zunächst zu entdecken und dann über Routinen eine Struktur zu entwickeln, die den Rahmen vorgibt, der dich langfristig erfolgreich macht.

Meine Routinen – deine Routinen

Ich habe dir ja bereits versprochen, dass ich dir meine Morgenroutine vorstellen möchte. Ta-da – hier ist sie. Und sie enthält, das ist mir wichtig, das zu betonen, auch einiges, was meinen Körper mit einbezieht. Ich bin zertifizierter Embodiment Coach. Diese Verkörperung der Gedanken und Gefühle macht einen essenziellen Teil meiner Arbeit und meines Erfolges aus. Ich sage gern: »Unser Körper ist das Tor zum Geist«. Probiere und erlebe das am besten selbst:

Step 1: Mindfulness
Ich starte jeden Tag mit einer Meditation.

Step 2: Journaling
Im Anschluss praktiziere ich eine Dankbarkeitsroutine: Ich schreibe in einem Journal auf, wofür ich dankbar bin. Das sind übrigens nicht immer Sachen, die ich bereits erreicht habe oder die ich bereits in meinem Leben willkommen heiße. Oft sind es Zukunftsvisionen, die ich durch Dankbarkeit dafür, dass ich sie in Gedanken bereits bei mir habe, in meinem Leben manifestiere. Dabei formuliere ich sie positiv und im Präsens, als wären sie schon eingetreten.

Step 3: Aktivierung

Danach atme ich ganz bewusst durch alle Chakren (siehe Kapitel »Deine Emotionen«) einmal tief durch – auf vier Zähler ein und auf sechs Zähler aus. Idealerweise, wenn das Wetter es zulässt, tue ich das auf dem Rasen, um mich gut zu erden. Dann atme ich von oben nach unten durch die Energiezentren, um sie zu »reinigen«.

Step 4: The Shake

Nach dem »Durchpusten« der Chakren schüttle ich den ganzen Körper durch und damit alles ab, was noch stört, mich belastet oder noch zu präsent ist.

Step 5: Affirmationen

Darauf folgen Affirmationen, die ich mir selbst erarbeitet habe, die sich für mich stimmig anfühlen.

MERKE

Wenn ich in meinen Programmen mit Affirmationen arbeite, rate ich allen, immer eigene Affirmationen für sich zu kreieren und nicht die nachzuplappern, die andere vorsagen. Fühle in die Affirmationen rein. Sie müssen zu dir und deiner Situation passen. Das halte ich für enorm wichtig.

Step 6: Energie-Aktivierung

In diesem letzten Schritt meiner Morgenroutine aktiviere ich das Universum dafür, alles zu mir zu bringen, was mir an diesem Tag dienlich ist. Ich reibe die Hände aneinander, um Energie zu erzeugen und lege diese Energie wie ein Schutzschild über meinen gesamten Körper. Es soll alles abhalten, was für mich, mein höheres Selbst[10] und meine Mission nicht dienlich ist. Das gibt mir das Vertrauen darauf, das alles, was an diesem Tag passiert, wichtig ist für mich und meinen Weg unterstützt.

Step 7: Abschlussatmung

Zum Schluss atme ich noch einmal ganz bewusst ein und aus und spreche Dankbarkeit aus – meist für meinen gesunden und starken Körper und das, was ich fühle, für den Sauerstoff in meinen Lungen, für Geräusche, die ich höre, für Gerüche, die ich rieche und alles, was ich sehe. Das stammt aus dem NLP[11] und bezieht alle fünf menschlichen Sinne mit ein. An dieser Stelle spüre ich noch einmal mit geschlossenen Augen Dankbarkeit und halte die Hände, wie du das vielleicht aus dem Yoga kennst, an mein drittes Auge.

Das liest sich vielleicht so, als ob das Stunden dauern würde. Tut es aber nicht. Ich brauche gerade einmal 30 Minuten dafür und mein Tag kann entspannt starten. Am längsten dauert die

Meditation. Dafür nutze ich circa fünfzehn bis zwanzig Minuten. Diese Zeit nehme ich mir übrigens nicht nur morgens. Wenn ich über den Tag merke, dass mich etwas unruhig macht oder massiv beschäftigt, dann wiederhole ich diese Routine, um zurück zu mir und in meinen Körper zu kommen. Ich schreibe in mein Journal oder mache eine Runde EFT, wenn ich nervös oder unruhig bin oder zu sehr im Kopf. Damit halte ich mich und meine Emotionen. Das gehört zu meinem Selbstmanagement.

MERKE

Selbstregulierung zählt zu unseren wichtigsten Aufgaben als Unternehmer:innen, wenn es nicht sogar das Wichtigste ist. Sie braucht einen klaren Fokus. Denn ein gutes Selbstmanagement kann am Ende den Unterschied machen zwischen Erfolg und Misserfolg. Es verhindert, dass all die Mindfucks, die sich über den Tag immer wieder einschleichen, wirklich zu uns durchdringen. Ich nenne das gerne Red-Flag-Behavior, die von Angst und Druck gesteuert wird. Wenn du merkst, dass du in so ein Verhalten rutschst, wird es Zeit zu atmen (auf 4 Zähler ein, auf 6 Zähler aus) und damit dein Nervensystem zu regulieren. Am besten nimmst du dir sogar die Zeit, eine vollständige Regulierungsroutine zu etablieren, die dich erdet und zurück zu dir bringt.

Übrigens, wenn du Routinen etablieren möchtest und es dir noch schwerfällt, hilft es dir, wenn du sie an eine bereits etablierte Routine dranhängst. Zum Beispiel: Du trinkst sowieso schon jeden Morgen deinen Kaffee am Küchentisch. Wenn die Tasse leer ist, nimmst du dir einfach noch mal fünfzehn Minuten Zeit, um die Augen zu schließen und zu meditieren. Dann verschmilzt das mit der bereits etablierten Kaffeepause. Probiere das unbedingt aus!

Schritt 7 – Deine Selbstliebe

Mit dem Thema Selbstliebe greife ich in diesem letzten Schritt das Fundament für dein ganzes Leben auf. Denn Selbstliebe ist weitaus mehr als nur ein Buzzword oder ein Trend, der in den sozialen Medien rauf und runter bespielt wird. Sie ist eine, wenn nicht sogar die entscheidende Komponente, die nicht nur dein persönliches Wohlgefühl, sondern auch deinen beruflichen Erfolg massiv beeinflusst. Sie ist deine Lebens-, Glücks- und Erfolgsgrundlage.

Findest du es nicht auch unfassbar, wie sehr unsere Gesellschaft von Selbstzweifeln und mangelnder Selbstwertschätzung befallen ist? Besonders bei Frauen – inklusive mir selbst – habe ich immer wieder erlebt, wie sich ein Spannungsfeld aufbaut zwischen beruflichem Erfolg, Personal Branding, Familie und anderen sozialen Erwartungen. Zusätzlich konfrontiert mit generellen gesellschaftlichen Ansprüchen, gehen wir oft in die Knie und geben unsere Wünsche und Träume auf. Nicht ohne Grund verwirklichen viele Menschen sich erst, wenn sie in ihren 50ern angekommen sind oder noch später. Doch ein halbes Leben lang nur durchzuhalten, um irgendwann deine Zeit so zu verbringen, wie du es dir schon immer gewünscht hast, ist doch keine Lösung. Sei dir darüber im Klaren, dass dieser Weg fast sicher in dauerhafte Unzufriedenheit führt. Besser, du verinnerlichst früh das Credo:

»Ich kann nur dann für andere da sein, wenn ich mich selbst liebe, stabil stehe, mich gut fühle und mein eigenes Glas voll ist.«

Es ist übrigens auch völlig ok, wenn sich deine Welt öfter mal wirklich nur um dich dreht. Oder besser: Das ist superwichtig für dich.

Die Facetten der Selbstliebe

Da der Duden bis heute keine vernünftige Definition dafür liefert – es ist von Narzissmus, Selbstsucht und Egomanie die Rede – möchte ich an dieser Stelle auf die tatsächliche Bedeutung von Selbstliebe eingehen. Denn Selbstliebe ist komplex, facettenreich und bietet dir eine Vielzahl von Möglichkeiten, dich selbst und damit auch dein eigenes Business voranzubringen.

MERKE

Selbstliebe ist nicht nur dein Streben nach Selbstakzeptanz, sondern auch deine Fähigkeit, dich selbst wertzuschätzen und die eigenen Bedürfnisse ernst zu nehmen. Sie umfasst die Anerkennung deiner Stärken ebenso wie die Akzeptanz deiner Schwächen. Selbstliebe heißt, dich selbst mitfühlend zu behandeln, insbesondere in Momenten, in denen du das Gefühl hast, zu versagen oder einen Fehler zu machen.

Kann bitte jemand die Duden-Redaktion anrufen und es ihnen erklären? Es gibt eindeutige Beweise.

Die Wissenschaft der Selbstliebe

Es gibt vor allem im amerikanischen Raum zahlreiche Studien, die sich immer wieder mit diesem Thema auseinandersetzen, die zeigen, wie sehr Selbstliebe mit psychischer Gesundheit verknüpft ist. Der Konsens: Selbstliebe fördert das Wohlbefinden, reduziert Stress und macht widerstandsfähiger gegenüber Rückschlägen. Eine Untersuchung stellte sogar fest, dass Selbstliebe direkte Auswirkungen auf den Erfolg in der Arbeitswelt haben kann. Menschen, die sich selbst akzeptieren und wertschätzen, neigen dazu, zielorientierter zu arbeiten, besser im Team zu funktionieren und mehr Verantwortung zu übernehmen. Alles Eigenschaften, die dich auch beim Aufbau deiner authentischen Personal Brand unterstützen.

Selbstliebe und Personal Branding

In der Welt des Personal Brandings ist Authentizität der Schlüssel. Menschen suchen nach echten, authentischen Marken und Geschichten. Wenn du dich selbst nicht in deiner Ganzheit akzeptieren und lieben kannst, wie kannst du dann eine authentische Marke repräsentieren? Selbstliebe ermöglicht dir, deinen wahren Wert, Fähigkeiten und Persönlichkeit zu zeigen, ohne die Angst, nicht gut genug für die Welt oder den Markt zu sein.

Dieses Konzept geht weit über das einfache Selbstbewusstsein oder Selbstwertgefühl hinaus. Es handelt sich um eine tiefe, innere Anerkennung deines eigenen Wertes und Verdienste, die dir die Kraft gibt, im Einklang mit deinem authentischen Selbst zu handeln. Diese Authentizität wird von deinem Publikum wahrgenommen und geschätzt, denn sie spüren, dass du echt bist. In einem Umfeld, das mit falschen Versprechungen und künstlich aufgebauten Bildern übersät ist, macht diese Ehrlichkeit einen erfrischenden Unterschied.

Darüber hinaus bringt die Selbstliebe ein gesteigertes Maß an Selbstbewusstsein und Selbstachtung mit sich, die wiederum den Mut fördern, Risiken einzugehen und sich von der Masse abzuheben. Viele Unternehmer:innen schrecken vor dem Schritt zurück, sich wirklich zu zeigen, aus Angst vor Zurückweisung oder Kritik. Selbstliebe gibt dir die psychologische Rüstung, die du benötigst, um diesen Ängsten zu begegnen und dennoch authentisch zu bleiben.

Die Kehrseite der Medaille

Fehlt die Selbstliebe kann sich das sogar negativ auf deine Geschäftsbeziehungen auswirken. Ohne eine feste Grundlage der Selbstliebe könntest du dich und somit auch deine Dienstleistungen oder Produkte unterbewerten. Das geschieht jeden Tag. Ich erlebe in meinen Coachings und Kursen ständig, dass die Teilnehmer:innen sich nicht trauen, angemessene Honorare für ihre Dienstleistungen oder Angebote zu nehmen. Manchen ist es richtiggehend peinlich, sich zum angemessenen Wert ihrer Arbeit zu bekennen. Hinzu kommt, dass Menschen, bei denen die Selbstliebe fehlt, Schwierigkeiten haben, Nein zu sagen und Grenzen zu setzen. Das führt häufig zu ineffektiver Arbeit und im schlimmsten Fall zum Burnout. Selbstliebe hilft dir dabei, einen klaren Rahmen für deine Interaktionen zu setzen und sicherzustellen, dass du und dein Business in einer gesunden, respektvollen Weise wachsen können.

Selbstliebe macht resilient

Der Alltag von Unternehmer:innen kann so wunderbar sein. Aber es gibt immer auch Zeiten, in denen wir ihn als ziemlich hart empfinden. Vieles läuft nicht, wie geplant. Das ist völlig normal, kann aber auch ziemlich anstrengen. Selbstliebe ist der entscheidende Faktor, der dich davor bewahrt, dich selbst für Misserfolge zu verurteilen. Stattdessen siehst du die Lehren daraus als Wachstumschancen. Ich weiß inzwischen, wie wichtig einige Erfahrungen für mein inneres und äußeres Wachstum waren und immer noch sind. Ich verspreche dir, es wird dir ebenso gehen. Im Nachhinein wirkt ohnehin vieles nur »halb so wild« oder sogar hilfreich. Selbstliebe unterstützt dich dabei, dass du vieles schneller als Herausforderung begreifst und nicht zu schwer mit dir ins Gericht gehst oder haderst. Im Gegenteil, du spürst, wie nachhaltig dein Erfolg wird. Fast jeder kann mit harter Arbeit oder Talent kurzfristige Erfolge erzielen. Doch er ist oft flüchtig oder wird als unbefriedigend wahrgenommen. Wenn du dich selbst wirklich und wahrhaftig liebst, kannst du jeden Misserfolg aushalten und Erfolg anerkennen und genießen, ohne dich ständig mit anderen zu vergleichen oder dich selbst zu untergraben.

Gut für dich, gut für dein Umfeld

Diese Haltung wirkt sich auch auf die Art und Weise aus, wie du mit deinem Team, deinen Partner:innen und sogar deinen Kund:innen interagierst. Denn ein hohes Maß an Selbstliebe ermöglicht dir, andere mit dem gleichen Respekt und derselben Anerkennung zu behandeln, die du dir selbst entgegenbringst. Du schaffst dadurch eine Arbeitsumgebung, die von Vertrauen, Zusammenarbeit und gegenseitigem Respekt geprägt ist. Das sind die Zutaten, die dein Unternehmen und deine Marke langfristig erfolgreich machen.

Ich habe inzwischen schon häufig erwähnt, dass dein Erfolg von innen nach außen entsteht. So verhält es sich auch mit der Selbstliebe. Sie ist die Grundlage für alle

Formen von Liebe und Beziehungen in deinem Leben. Ist sie in dir vorhanden, wirkt sie wie ein Spiegel, der die Liebe und Anerkennung, die du dir selbst entgegenbringst, in die Welt hinaus reflektiert. Du erkennst deinen eigenen Wert an und trittst mutig und authentisch auf. Im Zeitalter von Sehen-und-gesehen-werden birgt diese Eigenschaft einen unschätzbaren Wert für dich und deine authentische Personal Brand. Je mehr du dich selbst liebst, desto mehr wird diese Liebe in alles fließen, was du tust. Das wird die für dich richtigen Menschen magisch anziehen – im Privaten, aber auch in deinem Business. Damit bist du unwiderstehlich.

Das Ende unsäglicher Glaubenssätze und Rollenbilder

Wenn du dich selbst wahrhaftig liebst, kannst du die vielen Glaubenssätze und Rollenbilder, die dir von Kindesbeinen an eingeimpft wurden, hinter dir lassen. Denn wenn dich jemand fragt: Wer kümmert sich eigentlich um dich? Dann sollte deine Antwort immer dieselbe sein: Ich! Es ist schön, wenn einen andere Menschen unterstützen, aber die beste Unterstützung für dich bist immer du selbst. Klar fordert es dich heraus, tief verwurzelte Glaubenssätze und gesellschaftliche Rollenbilder zu überwinden. Wenn dir dein Leben lang auf mehr oder weniger subtile Art erzählt wurde, dass du bescheiden sein und dich nicht in den Vordergrund drängen sollst und dass du immer für das Wohlergehen anderer zuständig bist, lässt sich das nicht von heute auf morgen ablegen. Wenn du diesen »Job« aber durchziehst, bleibt die Frage: »Wo stehe ich in dieser Gleichung?« Zum Glück verstehen inzwischen viele, dass Durchsetzungsvermögen, Selbstbewusstsein und Unabhängigkeit völlig geschlechtsneutral sind. Zumindest in der Theorie. Die Praxis hinkt noch ein wenig hinterher. Aber du arbeitest ja dran. Je mehr du dich selbst schätzt und akzeptierst, desto einfacher kannst du alles Alte, Limitierende hinter dir lassen. Und du wirst schnell merken, dass du nicht in kleine, enge Schubladen passt, die unsere Gesellschaft für dich vorgesehen hat. Du bist so viel mehr als das. Erlaubst du dir, in deiner eigenen Kraft zu stehen, siehst du dich als gleichwertig an. Das hat auch nichts mit Egoismus und Selbstbezogenheit zu tun. Aber du hörst auf damit, dich selbst zu sabotieren und dich klein zu machen, um Rollen zu erfüllen, denen du nie entsprochen hast. Du sendest eine kraftvolle Botschaft an die Welt, wirst ein Vorbild und zeigst, was alles möglich ist, wenn du eigene Wege gehst.

Die Selbstliebe-Revolution

Selbstliebe bedeutet letztlich, die Verantwortung für dein eigenes Leben zu übernehmen. Es geht darum, dir selbst die Freiheit zu geben, die eigene Wahrheit zu leben und die eigenen Entscheidungen zu treffen. Das kann anfangs beängstigend sein, aber es ist auch unglaublich befreiend. In einer Welt, die dir oft sagt, dass du nicht gut genug bist oder dass du dich ändern sollst, ist Selbstliebe ein revolutionärer Akt. Also, sei mutig. Trau dich, dich selbst zu lieben und deinen eigenen Weg zu gehen. Deine

Lebensqualität profitiert davon maßgeblich, und wer weiß, vielleicht inspirierst du damit auch andere Menschen, das Gleiche zu tun.

Der Mythos vom Egoismus

Unsere Gesellschaft betrachtet Menschen, besonders Frauen, die sich selbst an die erste Stelle setzen, oft mit Skepsis. Begriffe wie »egoistisch« oder »selbstzentriert« werden schnell in den Raum geworfen. Erinnere dich an den Duden!

Deshalb ist mir so wichtig, dass Selbstliebe nicht bedeutet, die Bedürfnisse anderer zu ignorieren. Im Gegenteil: Das Gemeinwohl ist super wichtig und auch ich mache mit meiner Arbeit und in meiner Firma viel dafür. Nur leider erlebe ich auch viel zu oft, wie die eigenen Bedürfnisse, Träume und Wünsche nie gelebt werden, weil einfach keine Zeit dafür bleibt. Erinnere dich, jeder Tag hat 24 Stunden. Es ist eine Frage, wo die Prioritäten liegen. Wenn du die Bedürfnisse der anderen vor deine eigenen stellst, wird es ungesund.

Selbstliebe bedeutet, die eigenen Bedürfnisse als ebenso wichtig anzusehen. Erst wenn du deinen eigenen »Becher« füllst, kannst du wirklich für andere da sein. Dieser Mythos des Egoismus ist tief in der gesellschaftlichen Struktur verankert und kann besonders Menschen schaden, die dazu erzogen werden, fürsorglich und selbstlos zu sein. Ist doch logisch, dass solche Erwartungen einem eine schwere

Last aufbürden. Und das wirkt so kontraproduktiv, wenn du deine eigene Marke, dein eigenes Business aufbauen willst. Aus der Last entsteht die Angst, als egoistisch abgestempelt zu werden. Meistens veranlasst dich das dann dazu, deine eigenen Bedürfnisse und Wünsche zu ignorieren. Dieser Weg führt fast sicher in die Erschöpfung. Der Burnout klopft an und deiner Selbstpräsentation mangelt es an Energie.

MERKE

Egoismus und Selbstliebe sind von Natur aus völlig unterschiedlich. Egoismus entsteht erst, wenn die eigenen Bedürfnisse, Wünsche oder Ansichten ohne Rücksicht auf die Bedürfnisse anderer Menschen verfolgt werden. Selbstliebe hingegen beinhaltet die Anerkennung und Wertschätzung des eigenen Selbst, wodurch die Grundlage für ein erfülltes, ausgeglichenes Leben geschaffen wird. Wenn du aus einem Zustand der Selbstliebe heraus agierst, bist du viel besser in der Lage, Empathie und Fürsorge für andere zu zeigen.

Authentizität bedeutet auch, seine Grenzen zu kennen und zu setzen. Ein weiterer Punkt, der mit Egoismus nichts zu tun hat. Wenn du klare Grenzen setzt, gibst du nicht nur dir selbst Raum und Zeit, sondern zeigst auch anderen

Menschen, wie du behandelt werden willst. Du brauchst Grenzen, um deine eigenen physischen und emotionalen Ressourcen zu schützen. Grenzen sind Liebe. Sie sind auch für die Interaktion in jeder gesunden Beziehungen von entscheidender Bedeutung. Ohne Grenzen kannst du leicht zum Opfer von Ausbeutung oder Missbrauch werden, sei es in persönlichen oder beruflichen Beziehungen.

Die Sorge, egoistisch zu wirken, ist ein weiterer Faktor, der viele Frauen davon abhält, in Führungspositionen erfolgreich zu sein. Diese soziale Stigmatisierung kann ein großes Hindernis darstellen. Aber die Wahrheit ist, dass Führung auch Fürsorge erfordert. Fürsorge für sich selbst, für das Team und für die Mission. Und diese Fürsorge kann nur dann authentisch und effektiv sein, wenn sie auf einer soliden Grundlage der Selbstliebe aufbaut und du bei dir anfängst.

Fazit: Es ist höchste Zeit, dass wir den Mythos des Egoismus aufbrechen und anfangen zu erkennen, dass Selbstliebe eine notwendige Voraussetzung für ein erfülltes, erfolgreiches Leben ist. Sie ermöglicht es uns, authentisch, empathisch und wirkungsvoll in allem zu sein, was wir tun, sei es im Beruf, in Beziehungen oder in der Selbstverwirklichung. Wenn wir Selbstliebe praktizieren, geben wir uns nicht nur die Erlaubnis, unser bestes Leben zu führen, sondern inspirieren auch andere dazu, dasselbe zu tun. So können wir gemeinsam Kulturen und Gemeinschaften schaffen, die sich gegenseitig supporten, anstatt aneinander rumzumeckern.

Was bringt mir das für mein Business?

Ich habe es zwar bereits angesprochen, aber gerade im Business-Kontext kann ich es nicht oft genug sagen: Wenn du dich selbst liebst, steigt dein Selbstwertgefühl, was unglaubliche Auswirkungen auf dein Business hat. Du wirst zuversichtlich Entscheidungen treffen, effizienter arbeiten und besser mit deinem Team und deinen Kund:innen interagieren. Du bist magnetisch für Menschen, weil du so sehr bei dir bist. Indem du dich um dein eigenes Befinden kümmerst, dich selbst an erste Stelle setzt, stellst du sicher, dass du das Beste ablieferst. Das kommt allen zugute. Die meisten Unternehmer:innen haben nicht als einziges Ziel, so viel Geld wie möglich zu verdienen. Sie wollen in der Regel das Leben anderer verbessern. Und dafür ist es essenziell wichtig, dass sie sich selbst an erste Stelle setzen und sich um sich kümmern.

Ich fasse zusammen:

1. Durch die Stärkung deines Selbstwertgefühls bist du weniger anfällig für die Fallstricke von Selbstzweifel und Unsicherheit – Red-Flag-Verhalten. Gerade im Business-Umfeld ist das wichtig, zum Beispiel weil du oft schnelle Entscheidungen treffen musst und kein Raum für Zurückhaltung bleibt. Wenn du dich selbst und deine Fähigkeiten schätzt, kannst du Entscheidungen mit hoher Zuversicht treffen und dich auf dein Bauchgefühl verlassen. Das wird niemandem um dich herum verborgen bleiben. Sie sehen deine Selbstsicherheit und das schafft Vertrauen.

2. Durch das Priorisieren deiner eigenen Bedürfnisse und deines Wohlergehens förderst du eine gesunde Arbeitsumgebung. Es ist unglaublich anstrengend, mit Leidenschaft und Engagement an einem Projekt zu arbeiten, wenn du mental oder physisch erschöpft bist. Selbstliebe beinhaltet die Anerkennung deiner eigenen Grenzen und die Bereitschaft, dir Zeit für Pausen und Erholung zu nehmen, wenn du sie brauchst. Auf diese Weise kannst du langfristig effizienter arbeiten und vermeidest das Burnout-Risiko. Dinge, die wir lieben, behandeln wir immer gut.

3. Respekt für dich selbst, sorgt für Respekt anderen gegenüber. Da wären wir wieder bei der Maxime: »vom Innen ins Außen«. Hast du es bemerkt? Die Kommunikation mit deinem Team wird besser, und deine Kund:innen nehmen dich als authentisch wahr. Das baut langfristige, stabile Beziehungen auf, die auf Vertrauen und Loyalität basieren. Das ist im Business Gold wert. Zufriedene Kunden, langfristige Kundenbeziehungen.

4. Ich bin überzeugt davon, dass Menschen, die sich selbst schätzen, viel eher auch mal über den Tellerrand schauen, weil sie sich aus ihrer Komfortzone heraus trauen. Wenn du selbstbewusst stehst, bist du neugierig und bewegst dich auch auf fremdem Parkett glaubwürdig und elegant. Das macht die Sicherheit, die aus deinem Inneren entspringt. Deine Ausstrahlung wird unwiderstehlich. Das kann die Expansion

in neue Geschäftsbereiche beinhalten, das Eingehen von strategischen Partnerschaften oder auch größere Investitionen. Manchmal ist es ein Richtungswechsel, das Einbringen neuer Strategien oder auch das Zulassen neuer Expertise. Wozu auch immer du bereit bist: Deine positive Selbstwahrnehmung dient als inneres Sicherheitsnetz, das dir die nötige Zuversicht gibt, um Ambitioniertes zu wagen.

5. Nicht zu vergessen: Dein gestärktes Selbstbewusstsein zieht wie ein Magnet neue Business-Chancen an. Wer will nicht mit jemandem arbeiten, der authentisch und selbstsicher steht? Kurzum, Selbstliebe ist nicht nur für dein persönliches Wohl wichtig, sie ist ein Game-Changer für dein gesamtes Business.

MERKE

Das Business, insbesondere wenn du selbstständig bist oder eine Marke aufbaust, ist kein Sprint, sondern ein Marathon. Und wie bei jedem Marathon benötigst du Ausdauer, Disziplin und eine starke mentale Verfassung. Diese Qualitäten werden durch Selbstliebe gefördert. Wenn du dich selbst liebst, behandelst du dich gut, sorgst für regelmäßige Pausen, für ausreichend Schlaf und Ernährung, die dich stärkt, statt schwächt. Diese Form der Selbstfürsorge ist die Grundlage für langfristigen Erfolg.

Wie gelingt mir das?

Stehst du noch am Anfang deiner Reise zur Selbstliebe, beginnst du am besten mit kleinen, einfachen Übungen, die bereits wahre Wunder bewirken können.

Anleitung

1. Wiederholung von Affirmationen
Sage dreimal am Tag fünfzehn Mal hintereinander »Ich liebe dich« im Spiegel zu dir selbst. Ja, das ist mein Ernst. Anfangs fühlt sich das für dich wahrscheinlich ganz schön seltsam an. Aber vertrau mir, du wirst die Wirkung spüren. Durch die Wiederholung kommst du tatsächlich ins Gefühl und beginnst, es zu glauben. Und darauf kommt es an. Dass du es glaubst.

30-Tage-Regel:

Es dauert etwa 30 Tage, um eine neue Gewohnheit zu etablieren. Hab also ein bisschen Geduld. Beginne damit, 30 Tage lang die »Ich-liebe-dich-Übung« zu machen. Bis dahin ist sie zur Gewohnheit geworden. Nach weiteren 30 Tagen wirst du dieses neue Gefühl der Selbstliebe fest verankert haben. Noch einmal 30 Tage später wird es zu deiner zweiten Natur.

2. Tägliche Reflexion

Nimm dir jeden Tag ein paar Minuten ganz für dich, um deine Gefühle, Gedanken und Taten zu reflektieren. Führe eine Art inneren Dialog, um ein tiefes Verständnis für dich zu entwickeln. Diese tägliche Reflexionspraxis kann dir dabei helfen, dich immer wieder mit dir selbst zu verbinden und einen Raum der Selbstliebe in deinem Alltag zu schaffen. Du wirst feststellen, dass diese wenigen Minuten der Innenschau dir ein ganz neues Verständnis und eine neue Wertschätzung für dich selbst und für dein Leben bringen können.

3. Steige aus der Social Media Blase aus

Durch die sozialen Medien zu scrollen, kostet nicht nur viel Zeit – es kann dir den letzten Nerv rauben. Die ständige Vergleicherei strengt unsäglich an und ist ein Erfolgssaboteur, für dein gesamtes Business. Deshalb plane regelmäßig Pausen ein, an denen du dich nicht mit Social Media-Inhalten beschäftigst. Das heißt übrigens nicht, dass du dich nicht um deine eigene Präsenz kümmern solltest. Inhalte vorzubereiten, die zu dir und deiner Zielgruppe passen, ist ein essenzieller Teil deiner authentischen Personal Brand. Den Social-Media-Konsum zu unterbrechen, wird dir aber dabei helfen, deinen Auftritt authentischer zu gestalten.

PODCAST

Weitere Erfolgssaboteure findest du in dieser Folge meines »HER Brand«-Podcasts.

4. Wo gehobelt wird, fallen Späne

Du wirst immer wieder auch Fehler und Rückschläge erleben. Trainiere deinen Umgang damit. Selbstliebe bedeutet nämlich, dass du dich in jeder Situation liebst, nicht nur, wenn du gerade richtig gut performst. Gerade in Zeiten, in denen du unsicher bist oder versagst, schenke dir ausnahmslos Liebe und Wertschätzung. Das baut wahre Resilienz auf.

Nachwort und Danksagung

Wow!

Du bist bis hierhin gekommen. Ich freue mich sehr, dass du mein Buch gelesen hast und dass du gesprungen bist in dein neues Leben ohne Kompromisse, die dich unzufrieden oder unglücklich machen. Mein erklärtes Ziel ist es, so vielen Frauen wie möglich dieses magische Leben zu ermöglichen.

Woher ich weiß, dass es funktioniert? Ich bin das beste Beispiel für alles das, was ich auf den vielen Seiten geschrieben habe. I practice what I preach. Ich lebe genau das, was ich dir erzähle. Als ich angefangen habe, hätte ich mir nicht vorstellen können, dass ich einmal dorthin komme, wo ich heute bin. Ich habe inzwischen mit mehr als 1.000 Menschen gearbeitet und erziele mehrfach sechsstellige Umsätze und mehr, indem ich das tue, was ich liebe.

Mit mehr als zwei Jahrzehnten Online Marketing Expertise ist dieses Buch in deinen Händen eins meiner Highlights und ein großer Meilenstein in meiner Reise als Unternehmerin und Mensch. Ich habe in vier Jahren über 200 Podcast-Episoden veröffentlicht, bin täglich auf Social Media sichtbar und habe mir mittlerweile eine treue Community von mehr als 25.000 Menschen aufgebaut.

Und du schaffst das auch. Alles beginnt mit einer Entscheidung: Der Entscheidung ab jetzt du selbst zu sein und deine Wahrheit zu sprechen. Ohne Kompromisse.

Alles, was ich erreicht habe, verdanke ich im ersten Schritt mir, weil ich an mir gearbeitet habe. Die 7 Schritte im Buch verkörpere ich jeden Tag. Erfolg funktioniert aber nie alleine. Dafür brauchst du Menschen, die dich unterstützen, auf die du bauen kannst, die dir zuhören und mit denen du Berge versetzen kannst: eine Familie, Freunde, ein Team. Denk an die Business-Ikoninnen. Sie haben alle eine eigene starke Persönlichkeit, lieben sich selbst bedingungslos, sind committet und nehmen ihre Einzigartigkeit an. Aber sie stützen sich mit ihren besonderen Stärken, wenn es nötig ist. Sie heben sich empor und feiern sich gemeinsam. Zusammen sind wir stärker. Deshalb ist Netzwerken so unfassbar wichtig. Nimm zum Beispiel Masterminds: Hier kommen Menschen aus verschiedenen Branchen und Unternehmen zusammen, die mit ähnlichen Herausforderungen zu kämpfen haben. Sie verbindet aber auch das gemeinsame Interesse daran, sich auszutauschen und wirklich zu unterstützen. Jede:r bringt sich ein. Jede:r gibt und jede:r bekommt auch etwas dafür. Ein ganz wunderbarer Energieaustausch, von dem alle profitieren.

Ich bin ganz sicher, dass du von diesem Buch profitierst. Und ich danke dir von Herzen, dass du es gekauft und den Sprung mit mir gewagt hast. Ich danke meinem Mann Andreas, der überhaupt erst die Idee hatte, dass ich mich selbstständig machen könnte und somit den Ball ins Rollen gebracht und mich immer wieder bestärkt hat, weiter zu gehen. Du bist mein Fels in der Brandung. Ich danke meinen Kindern Sophie und Louis, dass sie mich jeden Tag daran erinnern, wofür ich das alles hier mache. Damit sie in einer gleichberechtigten Gesellschaft leben können, in der Frauen und Männer gemeinsam die Welt gestalten. Ich liebe euch mehr, als ich es in Worte fassen kann. Danke auch an meine wundervolle Schwester Sabrina, die mich mit ihrer Weisheit und ihrer klugen Art immer wieder daran erinnert, wer ich in Wahrheit bin. Ich bin unendlich dankbar, dass es dich gibt. Ich danke meinen Eltern, dass sie mich durch ihren viel zu frühen Tod gelehrt haben, was Leben wirklich bedeutet. Ich vermisse euch jeden Tag.

Ich danke meinem Netzwerk, meinem wundervollen Team (ihr wisst, wer ihr seid), meinen Coaches, meinen Mentor:innen, meinen Wegbegleiter:innen, meiner Familie, meinen Freund:innen und all den Menschen, die mich auf meinem Weg berührt und begleitet haben.

Ein großer Dank gilt meinem Mentor Tobias Beck, der dieses wunderbare Vorwort geschrieben und mir dabei geholfen hat, mein eigenes Licht zu sehen.

Und dem Montagshappen Verlag, der von der ersten Sekunde an voll hinter mir und meiner Buchidee stand. Ich danke dem ganzen Team, das an diesem Buch mitgewirkt hat. Jana, Mona, Olesia, Sarah.

Schnapp dir die vielen wundervollen Downloads hier im Buch, wende sie täglich an und blicke in 1-2-3 Jahren fasziniert zurück, was sich alles verändert hat und wie du dein Traumleben lebst.

Folge mir gerne auf Instagram (@nicolewehn) und lass mich wissen, wenn du mein Buch gelesen hast. Vergiss nicht, mich zu verlinken, so dass ich feiern kann, dass du ab jetzt ohne Kompromisse du selbst bist und dadurch alles im Leben bekommst.

Und natürlich freue ich mich mega, wenn du eine Rezension bei Amazon abgibst, wenn dir das Buch gefallen hat, und dieses Buch auch mit all den anderen wundervollen Frauen in deinem Umfeld teilst, es verschenkst, es weitergibst, es immer und immer wieder liest.

Von Herzen danke für dich.

Deine Nicole

Links und Anmerkungen

[1] https://www.zukunftsinstitut.de/artikel/die-zukunft-ist-weiblich-megatrend-female-shift/
[2] https://www.americansurveycenter.org/featured_data/the-growing-political-divide-between-young-men-and-women/
[3] https://www.50x50movement.org/
[4] Der Begriff Ikone ist zwar bereits geschlechtsneutral. Ich habe mich trotzdem für diese Neuschöpfung entschieden, da hier schließlich die Frauen im Zentrum stehen und endlich sichtbar gemacht werden sollen.
[5] https://www.forschung-und-wissen.de/nachrichten/medizin/deshalb-braucht-das-gehirn-des-menschen-so-viel-energie-13375620
[6] Der Begriff geht zurück auf den amerikanischer Psychiater und Neurowissenschaftler Stephen W. Porges.
[7] https://asana.com/de/resources/eisenhower-matrix
[8] Siehe auch Kapitel »Dein Bewusstsein«, Seite 89.
[9] https://www.ncbi.nlm.nih.gov/pmc/articles/PMC3815616/
[10] Als höheres Selbst bezeichnet man in der spirituellen Welt das, was du wirklich bist, und wozu du fähig bist. Du betrachtest und steuerst dein Leben von einer höheren Stufe aus.
[11] Die Abkürzung NLP steht für Neuro-Linguistisches Programmieren.

Business-Ikoninnen-Test
https://nicolewehn.de/test

Meridianpunkte
https://nicolewehn.de/meridianpunkte

26 Fragen zur Selbstreflexion
https://nicolewehn.de/fragen

EFT-Anleitung
https://nicolewehn.de/eft

Anleitung zur Hypnose
https://nicolewehn.de/selbsthypnose

»HER Brand«-Podcast
https://nicolewehn.de/episode183/

Über die Autorin

Die Wahl-Münchenerin Nicole Wehn ist Marketing- und Brand-Expertin mit mehr als zwei Jahrzehnten Erfahrung. Seit 2018 begleitet sie als selbstständige Unternehmerin Menschen bei ihrem Business-Aufbau und steht ihnen auch als Mentorin und zertifizierter Business und Success Embodiment Coach zur Seite. Wie ihre Klientinnen kennt sie die ewige Suche nach Anerkennung von außen, den eigenen Drang nach Perfektion und zahlreiche Glaubenssätze, die Frauen davon abhalten, ihren eigenen Weg erfolgreich und erfüllt zu gehen. Trotz Studium in den USA, jahrelanger internationaler Tätigkeit in Führungspositionen, in männerdominierten Branchen wie der Formel 1, hatte sie stets das Gefühl, ihre berufliche Zufriedenheit und finanzielle Unabhängigkeit gäbe es nur zum Preis eines immer höheren Tempos, mehr Leistung und mehr Arbeit.

Heute hat sie alles, was sie sich wünscht: eine liebevolle Partnerschaft mit Kindern und mit SoLou Business Solutions ein erfolgreiches Business. Sie setzt als Unternehmerin sechsstellige Summen im Monat um, indem sie Produkte und Dienstleistungen kreiert, die immer mehr Frauen Mut schenken und erfolgreich machen. Sie unterstützt sie dabei, ihrer Intuition zu vertrauen und sich nach außen Gehör und Sichtbarkeit zu verschaffen, anstatt stur veralteten, gesellschaftlichen Regeln und Zwängen zu folgen und dabei sich selbst zu verlieren.

Über den Montagshappen Verlag

UNSERE MISSION

Echte Menschen und ihre Themen bekannt machen.

DER ANDERE VERLAG

Wir veröffentlichen schnell und flexibel, wenn das Thema brennt, unabhängig von starren Verlagsprogrammen:

- zu gesellschaftlich Relevantem,
- Antworten auf die Frage »Wie wollen wir zukünftig leben und arbeiten?«,
- von New Work bis zu neuen Lifestyles,
- über Trends und Megatrends,
- Impulsen bis Perspektiven.

Die Gründerinnen des Montagshappen Verlags lieben Bücher! Eigene, fremde, neue, alte, große, kleine, geschrieben, zum Hören, digital oder gedruckt.

Wenn es nach **Jana Assauer** ginge, würde sie den ganzen Tag mit einem guten Buch auf dem Sofa verbringen, lesen und lernen. Ihr Mann, die Kinder und die Arbeit machen ihr aber immer wieder einen Strich durch die Rechnung. Die Konsequenz – der Job muss sich mit Bildung und Büchern beschäftigen. Seit vielen Jahren macht sie bereits über ihre Bildungsbotschaft PR für Bücher und Menschen, die ihr Wissen und ihre Expertise teilen wollen.

Mona Schnell würde am liebsten den ganzen Tag selbst Bücher schreiben – zu eigenen Themen oder als Ghostwriterin, wenn die Idee spannend und relevant ist. Wenn sie nicht selbst textet, hat sie Bücher und Podcasts auf den Ohren, wo sie geht und steht – es sei denn natürlich sie praktiziert gerade Yoga.

Mit dem **Montagshappen Verlag** stehen die Bücher-Expertinnen Jana Assauer und Mona Schnell Autoren und Autorinnen, Neudenkerinnen und Neuschreibern schnell, flexibel und partnerschaftlich für ihre Veröffentlichung zur Seite – mit fairer Beteiligung und eigenen PR-Kanälen und Medien.

WERDE IKONIST:A

Neben dem eigenen Experten-Themendienst hat der Montagshappen Verlag 2023 zwei Onlinemagazine übernommen und ihnen mit **ikonist:a** ein neues Zuhause gegeben.

ikonist:a – für Frauen, die alles wollen

ikonist:a ist das digitale Zuhause für Frauen mit einem gemeinsamen Entrepreneur Mindset. Frauen, die einfach alles wollen: sich beruflich verwirklichen, dabei auf nichts verzichten und sich schlicht ein gutes und erfülltes Leben wünschen.

www.ikonista.de

Die ikonist:a Websession

In den ikonist:a Websessions profitierst du vom Wissen und der Erfahrung unserer riesigen Expert:innen-Community. Zusammen möchten wir vor allem eins: dass sich jede:r beruflich verwirklichen kann, ein gutes und erfülltes Leben führt, und zwar ohne auf etwas zu verzichten. Neue Termine und die Aufzeichnungen vergangener Sessions findest du regelmäßig im Shop vom Montagshappen Verlag.

www.montagshappen-verlag.de